湛庐 CHEERS

与最聪明的人共同进化

HERE COMES EVERYBODY

聪明人都在用的思考工具

[日] 顾彼思商学院 著
洪洋 译

グロービス流
「あの人、頭がいい！」
と思われる「考え方」のコツ 33

浙江教育出版社 · 杭州

你会用科学的思考工具解决问题吗？

扫码鉴别正版图书
获取您的专属福利

- 如果你想在解决问题的过程中有效地找到问题的核心和解决对策，应当避免
  A. 正确拆分问题
  B. 准确找到解决问题的切入点
  C. 选择正确的切入方法
  D. 满足于现有结果

扫码获取全部测试题及答案，
一起了解科学实用的
思考工具

- 如果你对别人的观点产生怀疑，那么在反驳时怎样做更容易在未来达成共识？
  A. 找到被对方忽视的程度问题
  B. 寻找对方不合理的论点
  C. 从与对方不同的视角看问题
  D. 以上都是

- 在商务工作中，运用具体的形象思维可以帮我们思考问题，以下哪项属于错误运用？
  A. 准确勾勒用户画像
  B. 脱离实际情况、主观地去想象
  C. 有意识地拉近与一线工作者的距离
  D. 借助不同的描述来想象对方的反应

扫描左侧二维码查看本书更多测试题

前言

善用思考工具，实力胜人一筹

当今社会，新兴科学技术的发展势如破竹，尤其是人工智能的出现，给人的价值带来了前所未有的考验。我们如果只停留在对现有信息的储备上，在未来的社会中是无法创造出价值的。可以说，只有通过思考，在为各种现象和数据赋予相应价值的同时不断开拓创新，我们才能让自己在未来的社会中立于不败之地。

也许是因为这种危机意识的出现，越来越多的人开始思考，如何通过提高思维能力来强化自己。随着这种需求的产生，市面上出现了很多介绍思考方法的书，各类培训机构也相继推出了很多相关讲座。

值得注意的是，这些书及讲座往往偏重理论的传授，将各种思考方法严格地归纳为系统性理论。不可否认，作为教科书，这种编写方法最准确且实事求是。但是，对于大多数人来说，这种深奥的理论让人有些望而生畏。这一现象在创造性思维的教程中显得尤为突出。

考虑到以上问题，本书将讲解的重点从系统性理论转移到对理论的实践上，力求通过各种实例为商务人士提供有效参考。为此，我对自己接触过的大量思考工具进行了严格筛选，将其中最具商务实用性的 33 个核心工具进行了重新整理并汇总在本书之中。

这 33 个工具，既包括左脑（逻辑性）思维，又涵盖右脑（创造性）思维。本书不仅涉及 MBA 专业的教学内容及咨询公司实际使用的案例分析方法，还为读者介绍了一些专家学者的思考方法。这些都是善于思考的聪明人实际使用过的工具，其实用性毋庸置疑。

将事物可视化会对理解起到巨大的促进作用，本书充分利用了这一特点。与我以往撰写的商务类图书不同，本书使用了丰富的插图。希望大家可以通过回忆插图中描绘的场景，对其论述内容形成深刻的印象。

包括分析模型（思维的框架）在内，了解一些从历史上传承下来的思考工具或经过前人提炼的思考技巧，可以有效地武装我们的大脑。在利用本书进行学习时，大家不必急于在短时间内就将书中涉及的所有工具都掌握得十分熟练。只要这些工具能够在大家的实际工作中得到有效应用，我撰写本书的目的就达到了。也就是说，在工作中遇到类似情况或类似问题时，只要大家能够回忆起书中提到的某个思考工具，并由此找到解决问题的有效方法，本书的作用就得到了充分的发挥。

本书由 4 个部分组成。分别为：构建思考框架的 6 个工具、提高思考效率的 9 个工具、寻找有效启示的 15 个工具及获取灵感的 3 个工具。每个部分都会涉及逻辑思维和创造性思维的内容。

前两个部分包含了不少我以往的著作中提到过的内容，相信对思考方法有所了解的读者阅读起来应该会感到比较轻松。当然，这里说的“轻松”也是相对的。如果是从来没有读过此类书籍的读者，阅读起来还是会感到有些许难度的。值得注意的是，只有在实践中积极运用书中介绍的这些思考工具，我们的思维能力才会得到加强。同时，积极实践还可以有效提升我们在各个商务场景中的工作效率。

相比之下，后两个部分的难度就会略有增加，即使是读过大量此类书籍的读者，也会在这里遇到很多新的概念。不过，这里的工具一经掌握，我们的思维能力就能得到飞跃式的提升。所以，希望大家能够用心领会其中的精髓并大胆将其运用于实践。

为了方便理解，本书会对每个工具进行讲解，并在每章的开头配上一张插图或漫画。同时在每章的最后，我还为大家总结了“本章思考工具的最佳使用时机”和“让你能够胜人一筹的 3 点诀窍”，希望有助于大家进行实践。

目 录

前　言　善用思考工具，实力胜人一筹

第一部分 构建思考框架的 6 个工具

第 1 章　正确拆分问题，找到问题核心 / 003
第 2 章　套用分析框架，防止思维漏洞 / 013
第 3 章　分析因果关系，准确制订方案 / 023
第 4 章　通过对比，得出有效结果 / 033
第 5 章　利用可视化工具，激发思维活力 / 043
第 6 章　将数据转换成图表，更直观有效 / 053

第二部分 提高思考效率的 9 个工具

第 7 章　运用具体形象思维，提前预估影响范围 / 065
第 8 章　搜索网络信息，快速全面把握问题 / 075
第 9 章　运用 *N*=3，迅速建立假说提高效率 / 085

第 10 章　概率分析，增加成功的可能性 / 095
第 11 章　有意识地反驳，判断决策合理性 / 105
第 12 章　怀疑常识，实现颠覆性的创新 / 115
第 13 章　零基思考，不断优化构想 / 125
第 14 章　改变思路，挖掘潜在机会 / 135
第 15 章　巧用类比，增强说服力 / 145

第三部分
寻找有效启示的 15 个工具

第 16 章　将复杂现象简单化，揭示事物本质 / 157
第 17 章　利用模型，举一反三触类旁通 / 167
第 18 章　极端假设，揭示问题本质与客观规律 / 177
第 19 章　从不规则现象展开思考，便于发现新领域 / 187
第 20 章　从常理出发提出疑问，摒弃企业的“错误常识” / 197
第 21 章　从故事情节思考，增加提案的合理性 / 209
第 22 章　换位思考，构建双赢关系 / 219
第 23 章　转换视角，发掘新的价值观 / 229
第 24 章　利用函数分析问题，作出更正确的预测 / 239
第 25 章　从目标出发，优化办事顺序 / 249
第 26 章　从梦想出发，找到重点课题 / 259
第 27 章　深度思考，找到解决问题的钥匙 / 269
第 28 章　从违和感中找灵感，发现隐藏的真相 / 279

第 29 章　添加思维辅助线，接近问题本质 / 289
第 30 章　进行思想实验，增加论据的说服力 / 299

第四部分
获取灵感的 3 个工具

第 31 章　借助笔记，将灵感落实 / 309
第 32 章　投入与产出相结合，超越自我极限 / 319
第 33 章　倾听“内心声音”，提升感知能力 / 329

后　记　有效武装大脑，让你越来越聪明 / 339

グロービス流「あの人、頭がいい!」と思われる「考え方」のコツ33

第一部分

构建思考框架的6个工具

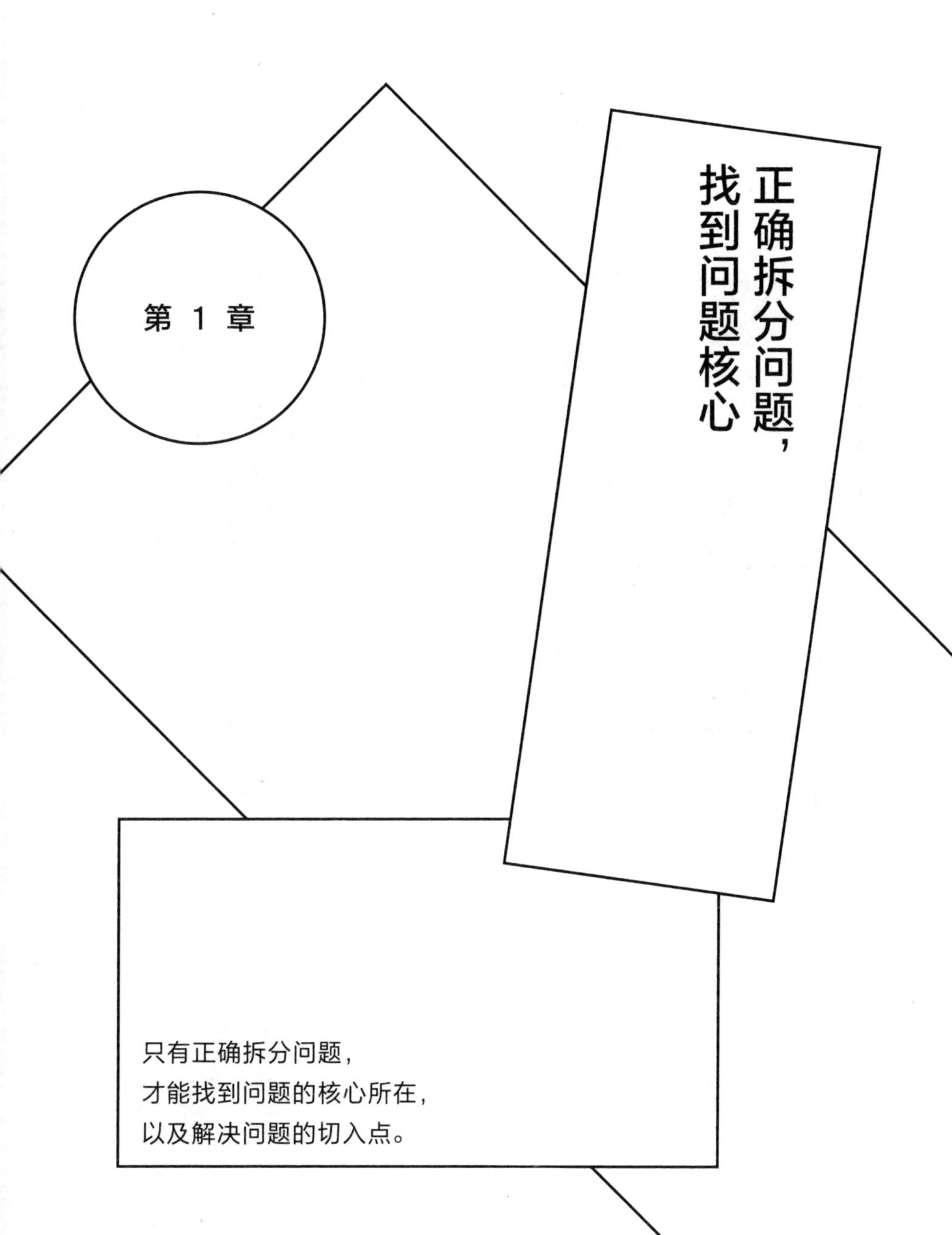

第 1 章

正确拆分问题，找到问题核心

只有正确拆分问题，
才能找到问题的核心所在，
以及解决问题的切入点。

针对离职率不断升高的问题，我试着这样分析了一下，您觉得怎么样？我是按不同年龄段进行统计的。
这样统计倒也可以，但也试一下别的切入点吧。

几周后……

我这次按不同职位又进行了一次统计，感觉这个切入点好像离问题核心更近了！
哦！那真是太好了！
他要是能早些发现这个切入点就好了……

第1章

正确拆分问题，找到问题核心

拆分是理解的第一步

正确拆分问题是找到问题核心和解决问题切入点的关键，也是经营管理的基础。也许正因为它很关键，才出现了不少关于拆分问题的说法。

“想要做好统筹管理，就要将事物细分开来。”

“遇到困难要分开来处理。”

……

隔着一层纱去观察一个庞大的复合物时，我们往往会有很多看不清的地方。但若能适当地将其拆分开来，我们就可以看到问题的关键，操作起来也会更加得心应手。本章主要从解决问题的实际场景出发，展开相关讨论。

准确找到切入点

准确找到切入点是解决问题的一个重要环节。从开篇漫画中我们也可以看出，尝试从不同角度切入问题后，就能更好地找到问题核心。

那么，如何找准解决问题的切入点呢？**首先，需要积累经验。其次，需要有意识地储备切入点。**换言之，没有一个方便的既定准则告诉我们从哪个切入点出发能找到问题核心，我们需要在大量的尝试和失败中摸索出答案，而积累经验可以让我们减少失败次数。

想要储备大量的切入点，我们就需要通过读书等活动进行学习，或在实际操作中借鉴他人的技巧。比如，遇到销售收入下滑这一问题时，我们就可以从不同客户层（不同性别、不同年龄段、不同家庭结构等）、不同营销渠道及不同产品等多种切入点尝试分析。当然，大家都期待问题能够得到轻松解决，但在多数情况下，仅凭之前尝试过的切入方法，很可能收效甚微。

在这个案例中，如果我们仅仅将业绩下滑的原因假设为：最近顾客对产品的使用频率普遍下降。那么，我们根本就没有充分考虑“销售收入＝价格 × 使用频率 × 客户人数”这一公式，而不考虑价格和客户人数这两个切入点，就很有可能找不到问题核心。切入点可谓我们分析问题的武器，武器越多，命中的可能性就会越高，所以切入点当然是越多越好。

正确选择切入方法

“切入方法”与“切入点”这两个名词意思相近。在这里，我们将切入方法定义为：就某一切入点而言，对问题进行解剖时使用的具体切入方式。

比如，有一款以年轻人为主要消费群体的商品，人们将其销售收入按不同年龄段分类统计时，一般会按“10 岁以下、10 ～ 19 岁、20 ～ 29 岁和 30 岁以上”进行分类。然而，按“12 岁以下、12 ～ 15 岁、16 ～ 18 岁、19 ～ 22 岁和 22 岁以上”进行分类，也属于按年龄段分类的一种方式。后者是以小学生、初中生、高中生、大学生和大学毕业后的职场人为基准进行分类的。根据商品的不同特点，有时后一种切入方法反而能够得到更准确的分析结果。如果一开始就知道有这种分类方法，在考察客户属性时，首先就应该按学龄段进行分类。但是，在多数情况下，我们只关注了年龄的信息，而忽略了学龄段。其实，有时只要积极思考就能找到问题核心。

再举一个例子。调查问卷中经常有“未婚/已婚”这两种选项，其实，这也是一种很粗略的切入方法。比如，我们完全可以将选项修改为“未婚/已婚有配偶/离婚或丧偶”。这样一来，说不定就能发现“离婚或丧偶”的单身人士对某项服务有着极大需求。

不要满足于现有结果

普遍来讲，人们在分析问题时，往往会在得到一定收获后就停下了分析的步伐。从开篇漫画的故事中也可以看出，如果主管没有提醒他的下属，可能那个下属就会满足于最初的分析结果。

同样，假设有一个大小为“10”的问题，如果从某一切入点将该问题拆分成了“1∶8∶1”，多数人可能会满足于这个结果，从而将重点放在“8”的部分进行处理。不可否认，有时这确实可以得到很好的效果，但并不适用于所有问题。如果换个切入点，也许就会得到“0.5∶9∶0.5”的结果。假如后者才是最正确的拆分方法，则可以说第二个切入点才命中了问题核心。

让我们再看一个案例。某企业进行员工满意度调查后发现，年收入在 800 万日元至 1 000 万日元的员工对现状很不满。可以说，针对这一调查结果，提高该收入群体的员工福利确实是一种看似有效的解决方法，但他们的不满只是因为收入或福利吗？其实，如果我们对“家中至少有两个孩子在私立大学读书”或“家中有父母需要照顾”等不同生活状况进行调查，就很可能会发现同时具备这两种情况的员工占到了上述收入群体的 90%。

一般来讲，家中至少有两个孩子在私立大学读书或是有父母需要照顾的员工，往往年龄较大。虽然不同企业有不同的制度，但通常来讲，年收入与年龄存在着一定程度的相关性。这样看来，年收入在800万日元至1 000万日元的员工只是恰巧覆盖了同时具备上述两种情况的员工。

人们将这一现象称作“伪相关”。伪相关有一个著名的案例：啤酒销量大的月份溺水事件频频发生。这看似意味着醉酒会导致溺水，但事实并非如此。啤酒的销量会在夏季增加，夏季天气炎热，去海边或河边玩的人自然也会随之增加。所以，戏水人数的增加才是溺水事件增加的真正原因。这只是个简单的案例，估计不少人早已识破其中的玄机，但是，在实际商业活动中，我们往往忽略了很多类似的伪相关情况。

增加切入点即可更接近真相

发现一个切入点难以揭示某一事物的真相时，我们还可以增加一个切入点。有了两个切入点，我们就可以令二者相辅相成，从而更好地揭示事物真相。虽然我们并不提倡花费过多的时间来寻找新的切入点，但适当进行尝试还是十分必要的。

为了更好地发挥上述方法的作用，摸索切入点时，我们首先需要充分了解实际情况，避免臆想。这就要求我们积极走入现场，亲耳倾听来自现场的声音。比如，听到公司中有人说“感觉 IT 行业的人对这项服务的评价不怎么好”的时候，我们就可以对不同职业的人群进行调查，通过分析各个群体的服务满意度，找到问题核心所在并进行处理。这样一来，服务满意度就有可能得到整体性提升。

- **本章思考工具的最佳使用时机**

  接近问题核心、寻找有效解决对策时

- **让你能够胜人一筹的 3 点诀窍**

  ❶ 大量储备切入点可以让我们迅速找到问题的核心。

  ❷ 在找准解决问题的切入点上多下功夫。

  ❸ 不满足于现有结果，努力寻找更有效的切入点。

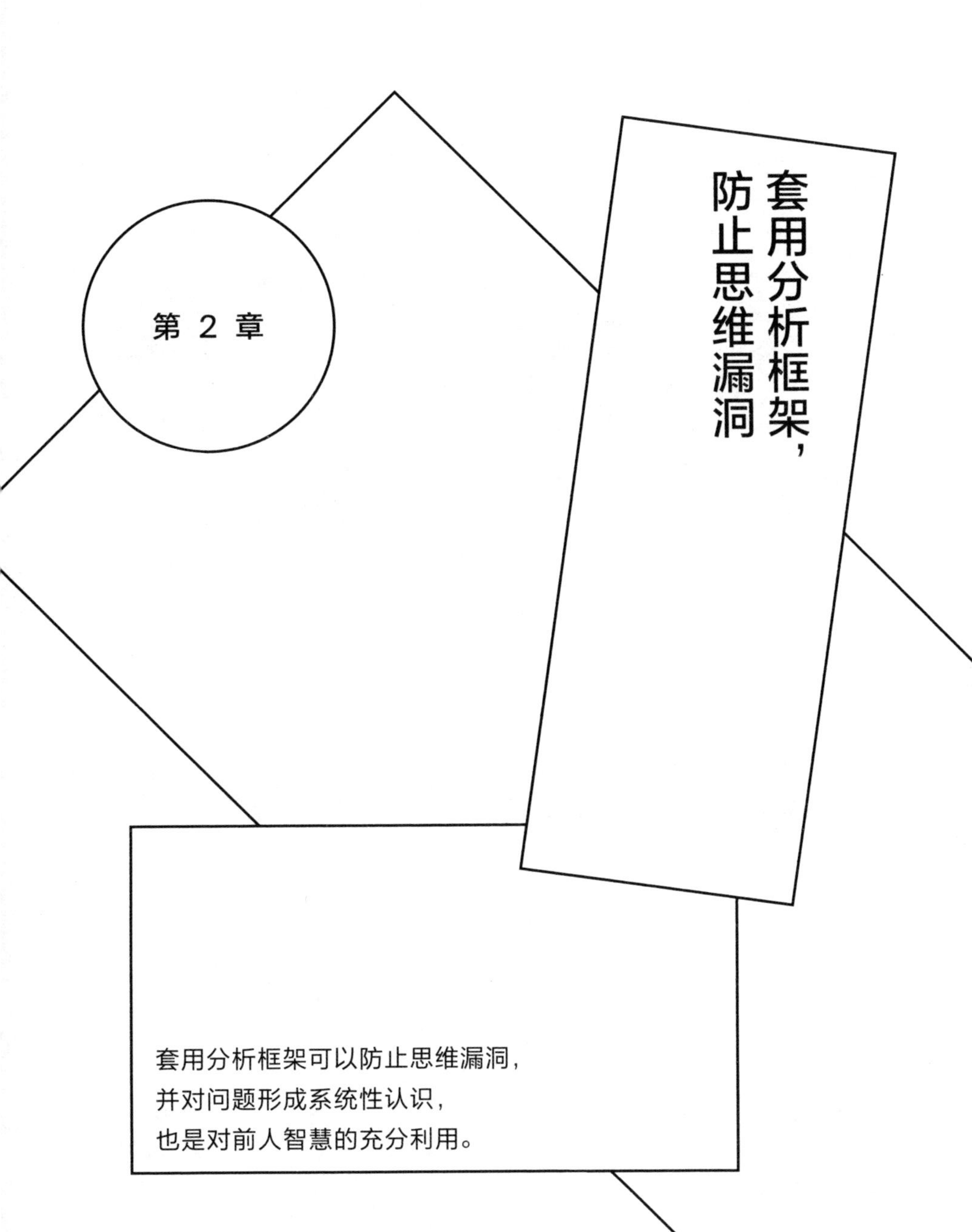

第 2 章

套用分析框架，防止思维漏洞

套用分析框架可以防止思维漏洞，
并对问题形成系统性认识，
也是对前人智慧的充分利用。

不使用分析框架时

- 家庭结构
- 人品
- 开车习惯
- ……

使用分析框架时

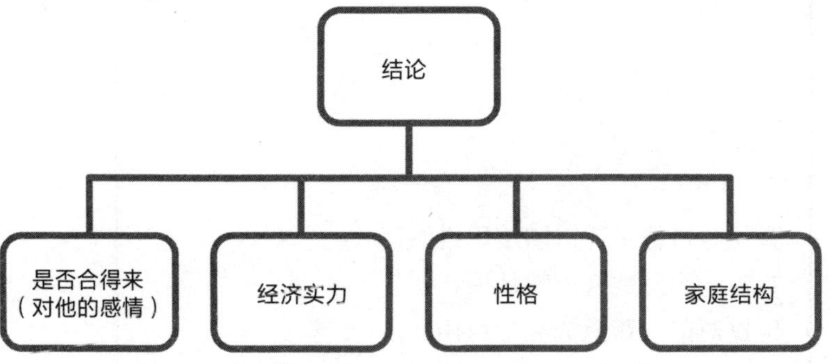

第 2 章

套用分析框架，防止思维漏洞

经典分析框架是前人的智慧结晶

经典分析框架又被称为“分析模型”。一般来讲，商学院会用两年的时间讲解数百种分析框架。**这些经典分析框架是前人智慧的结晶，可以提高我们的思考速度。**

比如，如果我们知道“价值链”这一分析框架，就可以用它来分析公司各类经营活动的特点，以及竞争对手的优势与劣势等相关信息。这一分析框架非常有助于我们思考竞争战略，以及分析如何改革公司的经营模式。

如上所述，分析框架是前人智慧的结晶，套用它的好处在于可以省去我们从零开始思考的过程。有效利用前人的经验是提高生产效率的好方法，大量储备经典分析框架可以有效提升商务人士的工作效率。

想必前人总结的经典分析框架大家都已有所了解，下面我们主要讨论如何建立自己的分析框架，以及如何掌握其运用技巧。

防止思维漏洞

利用分析框架进行思考的最大好处就在于它可以防止思维漏洞。经典分析框架大多具备这一特点，自创的分析框架也是如此。

假设你的亲戚中有一个学生正在找工作，他问你："我特别想进这家公司，因为这家公司的薪资高于行业平均水平，而且这个行业也比较稳定，您觉得呢？"这时，你会怎样回答他呢？

如果用分析框架来看，这个学生是从薪资水平（广义可指待遇）和稳定性这两大因素进行考虑的。这两个方面确实比较重要，但如果考虑到这次择业很可能会决定他的一生（尤其在日本），只考虑这两种因素就做出如此重要的抉择是不是太简单了呢？是否还漏掉了其他因素呢？经过重新思考我们就会发现，这个框架中其实漏掉了其他一些择业标准。比如“能否感受到工作的意义”“能否发挥自己的优势并得到技能提升”等。

如果他没能意识到这些，你就可以提醒他：“但是，如果真的在这家公司工作，你会开心吗？还有，这家公司能让你发挥自己的优势吗？你是不是过于害怕风险，只看到了眼前的稳定性呢？”可以看出，在这个案例中，我们在“薪资”和“稳定性”的基础上又添加了“工作的意义”和“发挥自我优势”这两个因素，分析框架的项目就增加到了四个。

假设他说“这些我也考虑到了。我觉得这是一份很有意思的工作，也可以充分发挥自己学到的 ×× 技能”，那就没问题了。相反，如果他回答“我确实没有考虑到您说的这两点，这可怎么办”，这就表示他会在你的建议下找到更好的分析框架，也就有可能得出更理想的结论。此外，在陈述自己的建议时，我们也可以采用类似的陈述方法。比如：“我是这样想的，第一……第二……第三……”这种话术能够大大增强我们的说服力，使提议无懈可击。

值得注意的是，这种原创的分析框架并不是绝对的。就拿上面这个案例来说，如果换成其他人，他可能会重视“朋友会怎么看我这份工作”等因素，如果换成一个打算在几年后创业的学生，他可能根本不会考虑待遇，而会注重能否提升自己的实力。**所以，根据不同时期的不同情况，“毫无遗漏地思考应该考虑到的所有因素”是分析问题的关键所在。**

原创分析框架注意事项

在评估原创分析框架时，我们也需要有意识地考量每个项目在整体中所占的比重（重要性）。我们虽然需要全面地考虑问题，但过分重视细节也会浪费时间，降低性价比。当然，在现实生活中，我们很难找到适合所有人的分析框架。不过，获得的认可越多，这一框架的适用性就越广泛。当人们对某一项目的比重产生分歧时，可以通过叠加系数等方法对其进行适当调整。

下面举一个买房的案例。我们在买房时用什么分析框架比较合适呢？“价格”“地理位置”等条件无疑是主要的考虑因素。那么，如果有一套房子位于一个“没有町内会（日本的一种居民组织）”的区域，我们还会不会选择这套房子呢？也许有些人会很在意这个因素，但与上述两个因素相比，它就显得没有那么重要了。所以，我们可以将“是否有町内会”归类在“地理位置”这一大项之中进行考虑。

将这些小因素合并归类为“其他因素”，也是一种有效的分析方法。但是，如果“其他因素”的比重占了 40% 以上，那么这个分析框架就显得太过粗糙了。这时，我们就需要将其中的重要因素挑选出来单独考虑。

适当参考其他分析框架

原创分析框架虽然需要我们自己创立，但适当引用经典分析框架或在其基础之上适当添加一些新的内容，也是一种十分有效的分析方法。比如，相扑界就有“心”“招”“身”这一经典分析框架。我们可以将这个框架套用于公司经营管理，打造出公司的最佳状态。图 2-1 示意了具体的套用过程。

卓越的经营理念（心）	注重社会贡献，使企业的社会信任度持续保持在较高水平
高超的经营策略（招）	敏锐观察行业变化，不断进行企业改革并储备所需的经营模式
优秀的员工（身）	拥有大量上进心强且能与团队协作创造价值的员工
健全的企业链	建立起一个包括客户和供应商在内的健全企业关系（生态链），并使自己的企业长期处于核心位置

图 2-1　经典分析框架的套用过程

矩阵是个方便的分析框架

矩阵是最具代表性的分析框架。它使用两个坐标轴（在大多数情况下），做出四个基本子空间进行分析。

比如，乔哈里窗[①]就是以自我为考察对象，分别以“自己知道”“自己不知道”，以及“别人知道”“别人不知道”

① 由心理学家约瑟夫·鲁夫特与哈利·英格汉提出，窗是指一个人的心就像一扇窗，乔哈里窗展示了关于自我认知、行为举止和他人对自己的认知之间在有意识或无意识的前提下形成的差异。——编者注

这两个方面作为坐标轴，通过分析四个区域的内容，进行自我能力探索的一种分析框架。

如果我们将这个分析框架应用于企业的市场营销，就可以将“企业自身知道”“企业自身不知道”，以及“顾客知道”“顾客不知道”这两个方面作为坐标轴，对问卷调查结果等统计数据进行分析，说不定就会发现一些新的品牌战略。

- **本章思考工具的最佳使用时机**

  想对问题形成系统性认识、提高论述的说服力时

- **让你能够胜人一筹的 3 点诀窍**

  ❶ 注意防止思维漏洞。

  ❷ 根据不同时期的不同情况，全面地考虑问题。

  ❸ 既要有所创新，又要充分利用前人智慧。

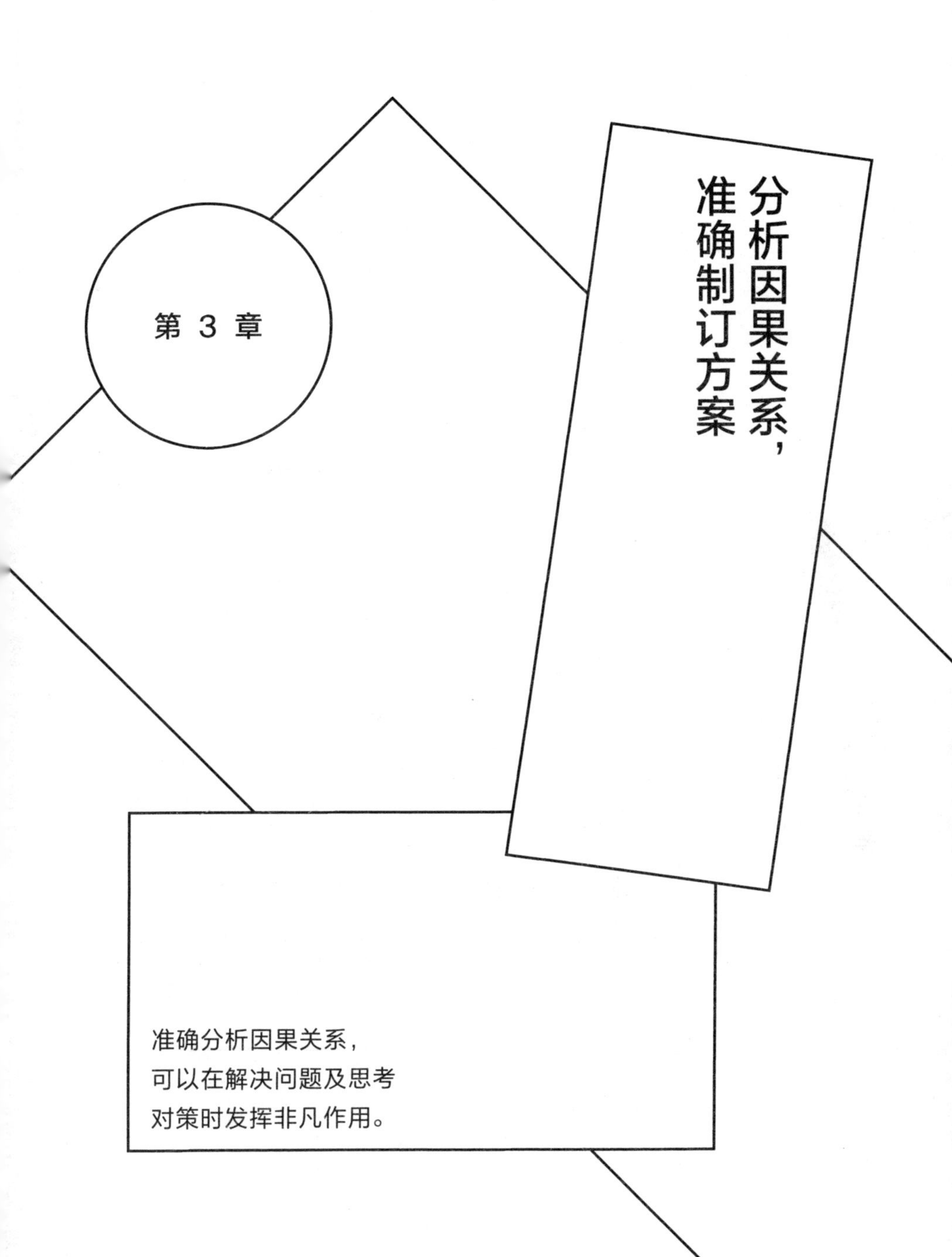

第 3 章

分析因果关系，准确制订方案

准确分析因果关系，
可以在解决问题及思考
对策时发挥非凡作用。

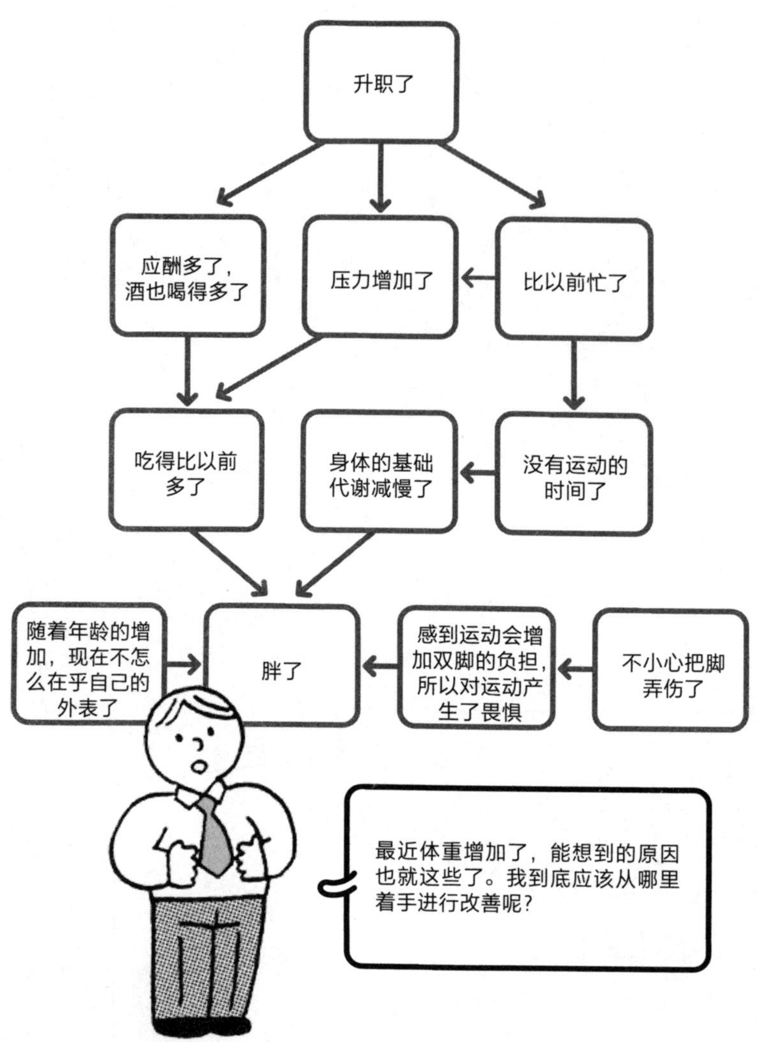
升职了
应酬多了，酒也喝得多了
压力增加了
比以前忙了
吃得比以前多了
身体的基础代谢减慢了
没有运动的时间了
随着年龄的增加，现在不怎么在乎自己的外表了
胖了
感到运动会增加双脚的负担，所以对运动产生了畏惧
不小心把脚弄伤了
最近体重增加了，能想到的原因也就这些了。我到底应该从哪里着手进行改善呢？

预测自己的行为会产生怎样的结果

所谓因果关系，就是原因与结果的关系。下面就举一个简单的因果关系的例子：某人除了喝啤酒之外，每天还会吃含有大量嘌呤的食物，导致尿酸升高了，最终患上了痛风。很明显，酒和高嘌呤食物会导致血液中尿酸的升高。所以，这个人要想治好痛风，就应该减少这些食物的摄取量。

准确把握客观事物的因果关系，可以在制订相应对策和方案时发挥重要作用。准确把握因果关系，既有助于我们解决问题，又能够让我们预测出自己的行为将会产生怎样的结果。从开篇插图中我们可以看出，导致体重增加的原因多种多样。这时，如果我们能够分析出其中的主要原因，就可以更快地找到有效措施并加以改善。

值得注意的是，透彻地分析因果关系是一件做起来十分困难的事情。在自然科学领域，通常可以通过实验等方法，将不同条件下产生的不同结果进行对比，从而得出结论。因此，自然科学中的因果关系分析起来会相对简单一些。但是，即使在自然科学领域，也仍然存在着很多未解之谜，商业活动则有过之而无不及。在实际工作中，比开篇插图更加复杂的案例比比皆是，分析其中的因果关系绝不是一件容易的事情。但是，我们也有技巧可循。因此，熟练掌握技巧就成为分析因果关系的关键所在。

观察相关关系

分析因果关系的第一步是确认事物间是否存在相关关系。相关关系是客观事物间存在的一种非确定的相互依存关系。比如，除去一些个人差异，学习外语的时间和外语的读写能力在一定程度上是正相关的。也就是说，学习时间越长，读写能力就越强。这是一个很好理解的常识。在分析出了事物之间的相关关系之后，如果找到了一个能被大多数人认同的结论，那么我们就很有可能找到了一个正确的结论。准确把握客观事物之间的相关关系，是我们解决问题的一种武器。

同样，如果在添加某一条件后出现了某一不同结果，这也属于一种相关关系。比如，如果一个人在 A 地打喷嚏，而在 B 地不打喷嚏，那么，打喷嚏的原因就很可能存在于 A 地的某个特殊事物上。这时，A 地办公室装修时使用的材料及摆放在该办公室内的观叶植物就成为我们的考察对象。如果条件允许，还可以将有可能导致打喷嚏的所有物品逐个搬走，一一进行排除。这样一来，我们就能准确地找到打喷嚏的真正原因了。

但是，某一结果的出现往往是多个原因所导致的。比如，上班族的薪金水平并非只取决于个人的业务能力，还会受行业的整体薪金水平、个人努力程度、获得成功的意愿，以及领导和周围同事的表现所影响。我们需要将这些潜在原因逐一罗列出来，分别考察它们各自产生的影响。同时，在条件允许的情况下，我们还要通过试验等方法对自己的推测进行验证。

提防伪相关

相关关系是因果关系的必要条件，但不是全部条件。换言之，看似存在相关关系的两个事物之间，并非一定蕴含着“原因”与“结果”的关系。

“学钢琴的孩子学习成绩好”就是一个著名的案例。不可否认，弹钢琴可以活动手指，使孩子的大脑得到有效刺激。“大脑获得了良好的刺激”的确可以成为学习好的一个因素，但我们应该注意到，其中也存在着伪相关的可能。一般来说，能让孩子学钢琴的家庭大多经济比较宽裕，而经济宽裕的家庭往往会在孩子的教育上投入得更多，因此，孩子的学习成绩就有可能会更好。抑或可以这样解释：有自制力或是能够保持良好作息习惯的孩子适合学钢琴，同时，这种自制力也在学习方面得到了充分的发挥。如果后面这两种假设才是真正的相关关系，那么不具备这两方面条件而执意让自己的孩子学钢琴，其实未必能够提高他们的学习成绩。

再举一个例子。就冲绳县来说，以前在该地出生的人（2021 年年满 50 岁及以上的大部分人群）未接种过卡介苗。

按照相关关系理论，这部分人的重症率应该比其他地区的人高，但实际数据没有显示出这种倾向。就像这样，如果我们能从某一理论所述的原因出发，用不同案例验证是否实际出现了相应的结果，就等于找到了一个具有可比性的关键点。**所以，检查是否存在伪相关时，找到这种具有可比性的关键点并对其进行验证是一个尤为重要的环节。**

寻找良性循环

从上述分析可以看出，在商业活动中，用简单的因果关系就能解释清楚的案例并不多。在很多情况下，其中蕴含的因果关系种类繁多且错综复杂。而在众多因果关系中，良性循环起到了引领商业活动走向成功的重要作用。

在众多企业中，苹果公司给我们展示了一个良性循环的成功实例。其旗下手机产品 iPhone 循环模式可以简单归纳为：用户数量增加→ App 供应商增加→（由于便捷性提高了）用户数量进一步增加→（由于用户数量增加）App 供应商进一步增加。同理，各类网络社交平台的用户量之所以能在短时间内得到大幅提升，也是因为其便捷性提高，不断地吸引新用户，比如可以与很多人交流，可以更便捷地获取各类信息等。

这种良性循环一经开始，就会像滚雪球一样不断地进行下去。所以，成功的关键就在于使商业活动更早地走到这种良性循环的轨道上。

相反，恶性循环也会频频发生。比如，在体育产业中就存在着这样的恶性循环：实力较弱的球队→球队粉丝减少→球队收入下降→球员领不到薪水→球员选择离队→球队实力不断下降。同样，企业一旦陷入这种恶性循环，就很难从中摆脱出来。就这个案例而言，扭转局势的关键就在于要早发现、早处理。

诸如此类的良性循环和恶性循环往往会交织在一起，并存在于一个高度复杂的因果关系结构中。我们并非专业学者，因此也没有必要制作一张十分完整的因果关系图。我们需要做的是，在分析某一因果关系时，先有意识地检查它是否存在上述循环结构。可以说，只要我们能够做到这一点，再通过一些简单的验证，往往就能获得巨大的回报。

第 3 章

分析因果关系，准确制订方案

● **本章思考工具的最佳使用时机**

高效解决问题及考察对策有效性时

● **让你能够胜人一筹的 3 点诀窍**

❶ 看清相关关系。

❷ 准确辨别伪相关。

❸ 有效利用良性循环。

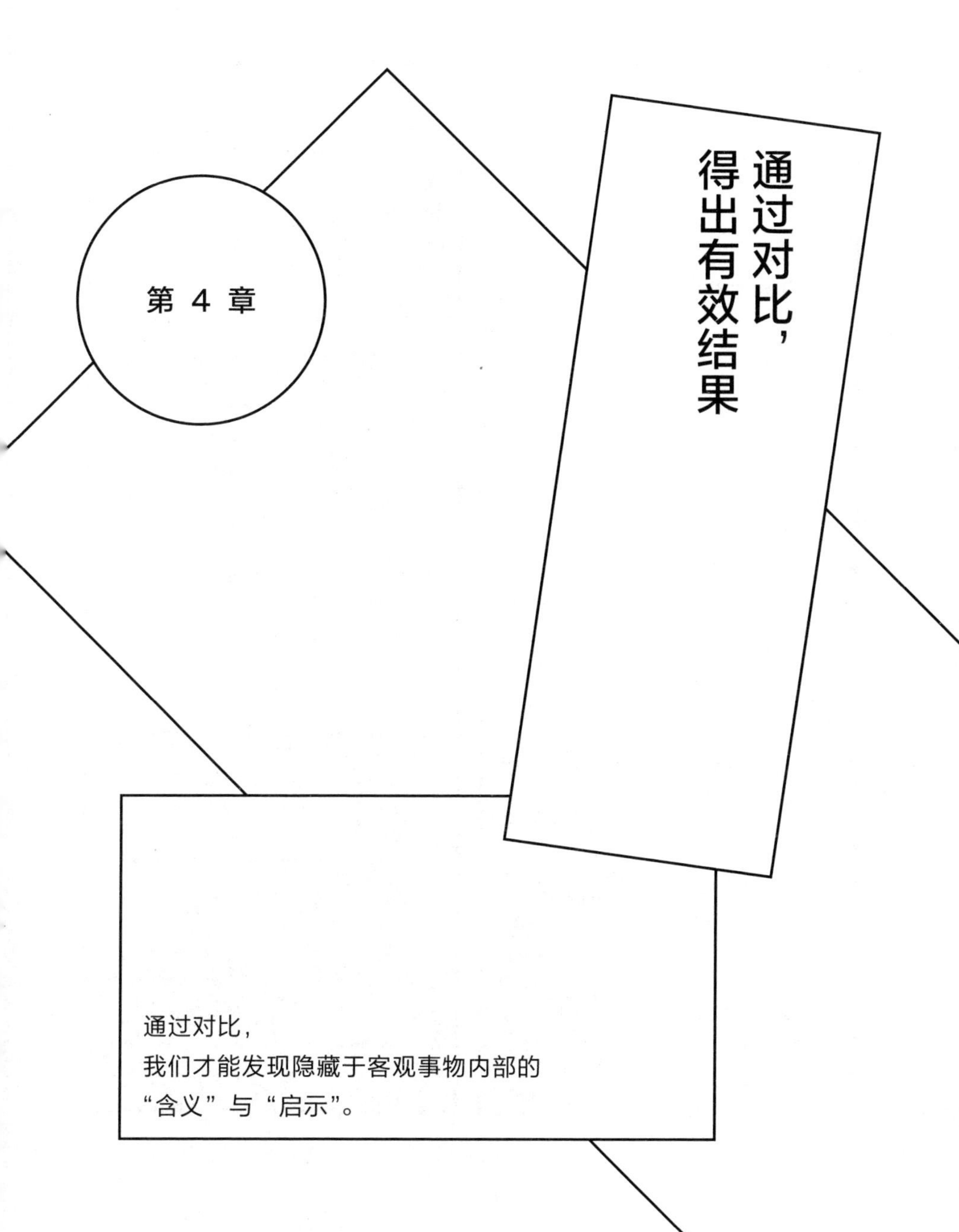
第 4 章
通过对比，得出有效结果
通过对比，
我们才能发现隐藏于客观事物内部的
“含义”与“启示”。

丰田公司的市值约为27万亿日元（2021年4月末统计数据），是日本第二大公司的1.4倍左右。真不愧是丰田呀！

如果和GAFA（谷歌、苹果、Facebook和亚马逊）这四大巨头比呢？

这又是什么意思呢？

让我看看，截至2021年4月，日元对美元汇率按110：1计算，苹果公司是227万亿日元，亚马逊是175万亿日元。和这些企业一比，丰田确实就显得有些逊色了。

原来如此。选择的比较对象不同，得出的结论也会截然不同。

第 4 章

通过对比，得出有效结果

比较是定量研究的根本

生活中可以进行对比的事物多种多样。其中，数值的对比较为简单。这里就围绕可以量化的事物展开讨论。值得指出的是，虽然领导力、工作态度等不能完全量化的事物很难进行比较，但是通过“360 度反馈法”等评价工具，我们还是可以得出一些比较有效的数据。有了这些数据，做比较就会轻松许多。

比较的重要性就在于，通过与另一个事物进行对比，我们就可以定义某一事物是大是小、是好是坏。

比如，我的身高是 175 厘米，只凭这个数字是说明不了什么问题的。通过查询统计数据可知，日本男性的平均身高约为 170 厘米。有了这一标准之后，我们才可以得出结论：我的身高在日本属于中等偏高的水平。但如果将范围扩大到全球我们就会发现，荷兰等国家的男性平均身高为 180 厘米以上。假如我被派到荷兰工作，在当地买衣服时，估计买的就是市面上相较而言尺码较小的衣服了。这时，日本人的平均身高就不是一个有效的比较标准。由此可见，根据不同目的选择适当的数据进行比较，才能从中得出有效的结果。

进行全方位比较才能看到真相

比较的对象越多，越能有效揭示事物的真相。一般来说，典型的比较对象有预算（计划）、历史数据、竞争对手及其数据等信息。

比如，C 员工的销售业绩为：预算完成率 98%，业绩比上年增长 2%。如果我们只看这两个数字，可能会感觉他业绩平平。但如果进行横向对比就会发现，他的销售收入其实在公司排名第一，而且是第二名的两倍。同时，同行业的其他公司中也没有任何人的业绩可以与他相提并论。由此可以看出，这位员工在行业中取得了非凡的成绩，其预算完成率和业绩增长率看似平庸，恰恰是因为他的历史业绩太好了，领导给他制定了较高的目标。

本章开篇漫画中提到的丰田公司也是如此。与 GAFA 这样的 IT 企业相比，其市值确实显得不起眼。但是，如果将特斯拉暂且排除在外，在传统汽车制造行业，丰田公司的市值排名仍然为世界第一。由此可见，作为代表日本的一大企业，丰田公司雄风尚存。

如果我们再把目光投向企业的销售收入和利润率，就会获得一些新的发现。比如，丰田公司 2019 财年的合并销售收入约为 30 万亿日元，营业利润为 2.4 万亿日元。由此可见，其市值略低于销售收入，且是营业利润的 11 倍左右。

与之相比，特斯拉 2020 财年的销售收入为 3.5 万亿日元，营业利润为 0.22 万亿日元，迎来了有史以来第一次盈利。也就是说，尽管特斯拉到 2019 年为止一直处于亏损状态，但其市值达到了销售收入的 20 倍之多。这一数据也说明，该公司的成长潜力得到了投资者的高度认可。[①] 同理，如果把比较对象的范围扩大到本田、日产等日本国内企业或是大众这种国际竞争对手，我们就可以对丰田作出更准确的市场定位。

进行有意义的对比

在定量研究领域中，经常会有 apple to apple 这种说法。**这一概念可以简单归纳为：如果进行数据比较，就要尽可能地统一定义和测量条件。**比如，世界各国对身高的定义没有太大出入。而且，早上测与晚上测，虽然可能出现几毫米的误差，但绝不会差到 10 厘米，更不会差到实际身高的一半。从这个意义上讲，身高就是一个非常适合比较的对象。

那么，不同企业的员工人均年收入又适不适合进行比较呢？实际上，这是个有些麻烦的工作。顾名思义，人均年收入＝全体员工的年收入总和 ÷ 员工总数。而其中的关键就

① 上述对丰田公司和特斯拉所作的数据对比，疑作者提供的数据有误，这里仅作为展示方法的案例。——编者注

在于对员工的定义上。

现今社会的工作方式可谓多种多样，在日本，公司里除了正式员工，还有派遣制员工和大量的合同制员工。其中，对合同制员工的定位就比较困难。比如，通常来讲，如果一个合同制员工每天工作 8 小时，每周上满 5 天班，且没有在其他公司就职，我们就应该将其纳入员工范畴。但是，有些公司会将这类员工的雇佣金列入外包经费。这样一来，在公司全体员工的年收入总额中，这部分员工的收入就无法得到真实体现。其实，顾彼思集团里就活跃着众多外聘讲师，他们为公司创造的收入高于正式员工，但实际上，这些讲师的薪水也被列进了外包经费中。

我们还要注意比较对象的选择。例如，观察社会上的各种企业排名，我们会发现，后缀是“控股公司”的企业，其员工人均年收入往往偏高。但其实这种公司的员工职位、员工年龄分布都与普通公司有着极大差别。因此，对于很多公司来说，控股公司并不是一个恰当的比较对象。

除此之外，如果在弄清实际情况之前，就贸然地对比某两个公司的“销售人员人均销售收入”或“开发成本占销率”，往往也无法得到科学的分析结果。

比如，在某一企业里，技术人员除了完成本部门的工作以外，还会花费很多时间进行客户拜访等营销活动。但是，其竞争对手对营销和技术部门的工作作出了严格的分工。在这种情况下，如果没有将该公司技术人员也列入销售部门进行统计，得出的销售人员人均销售收入就会高于实际值。与竞争对手相比，该公司的生产效率就会显得更高。

用 with or without 进行比较

下面让我们接触一下高级教程的内容。利用 with or without 进行比较，是通过对比提供某一条件时与去除该条件时产生的不同结果，来寻找有效启示的一种方法。这种比较方法多用于科学实验，在分析商业活动时也具有很强的实用性。

比如，将“企业创始人至今还担任总经理的公司”与

“创始人已经离职的公司”进行对比，就属于上述对比方法。在进行这一对比时，我们无法将所有符合条件的企业都列入对比范围，因此，不可否认，在选择企业时会存在一定的任意性。但是，如果可以尽可能地降低这种任意性，我们仍然可以得出比较有价值的启示。同时，其中可能还隐藏着第 3 章提到的伪相关，比如企业创始人至今还担任总经理的公司大多是刚成立不久的公司等。因此，这种情况也需要引起我们的注意。

其实，在很多情况下，我们很难能像科学实验那样，严格地将需要验证的某一因素控制成单一变量。因此，在比较过程中，认识到伪相关的普遍存在性就尤为重要。

比如，在公司里就很难测试出，究竟是高压式目标管理还是柔和式目标管理更能有效地培养员工。其实，这一测试也不是完全无法实施，只是我们必须考虑到其负面影响：测试结果较差的那一组员工，可能会由此对公司产生不满等。因此，作为第二个选择，我们可以分别挑选实际采取了这两种管理方式的领导，在他们带领的团队之间进行对比。当然，这种比较方式也有其弊端，容易夹杂其他的影响因素，如销售部和开发部之间就会产生些许差异。

值得一提的是，在社会科学领域中，有一种被称为随机对照试验（Randomized Controlled Trial）的实验方法。研究人员利用这种方法，将偶然产生的差异进行对比，从而探究其中的奥秘。不可否认，在一个企业里实施这类实验并非易事。但是，只要我们有意识地进行类似尝试，积极观察是否存在某些有效对照组，有时也可以得到一些极具价值的收获。

- **本章思考工具的最佳使用时机**

  将数据分析有效运用于决策和经营管理时

- **让你能够胜人一筹的3点诀窍**

  ❶ 转换角度，进行全方位对比。

  ❷ 与具有可比性的对象进行比较。

  ❸ 仔细观察某一因素带来的不同结果，避免落入伪相关的陷阱中。

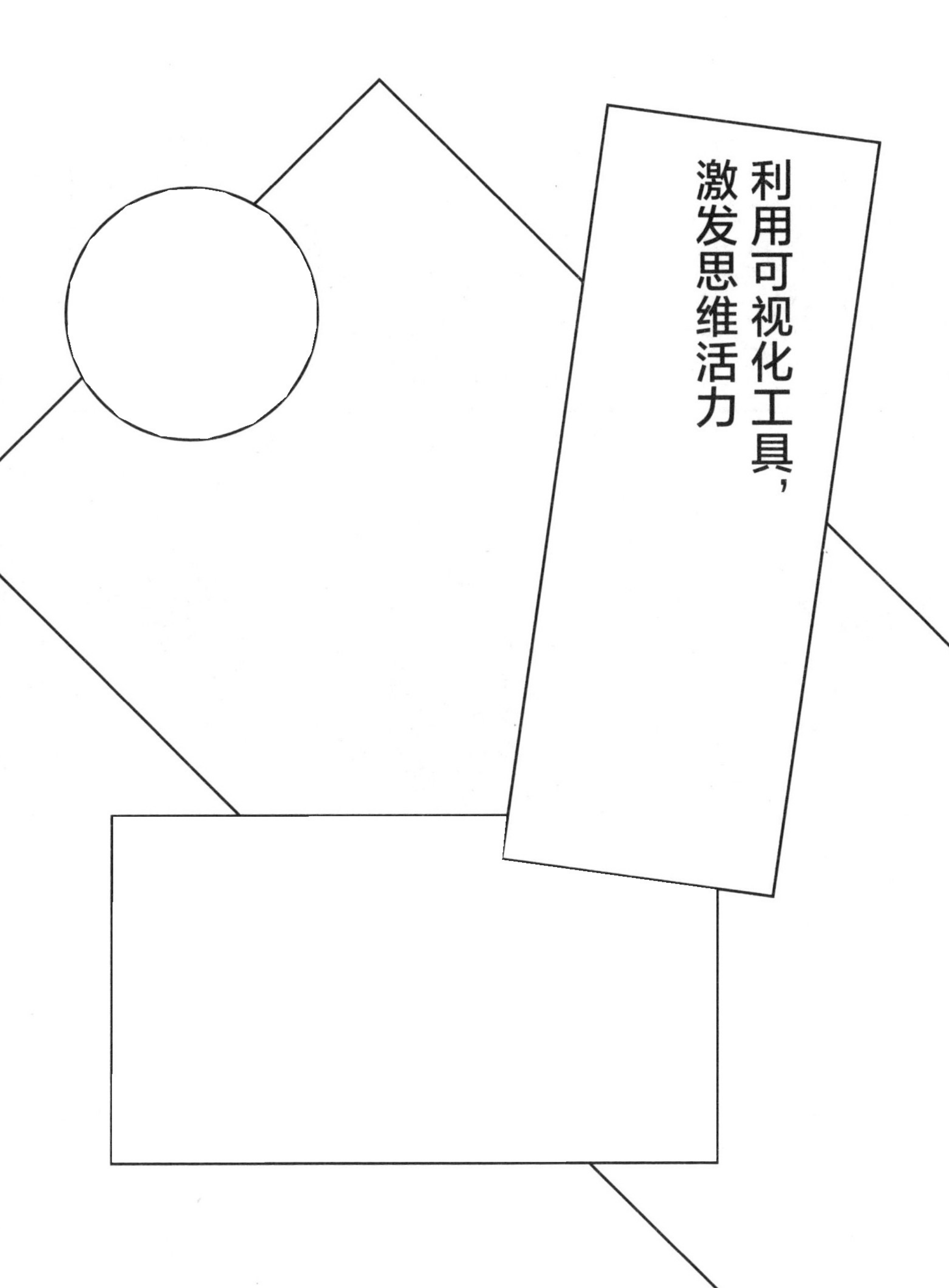
利用可视化工具，
激发思维活力

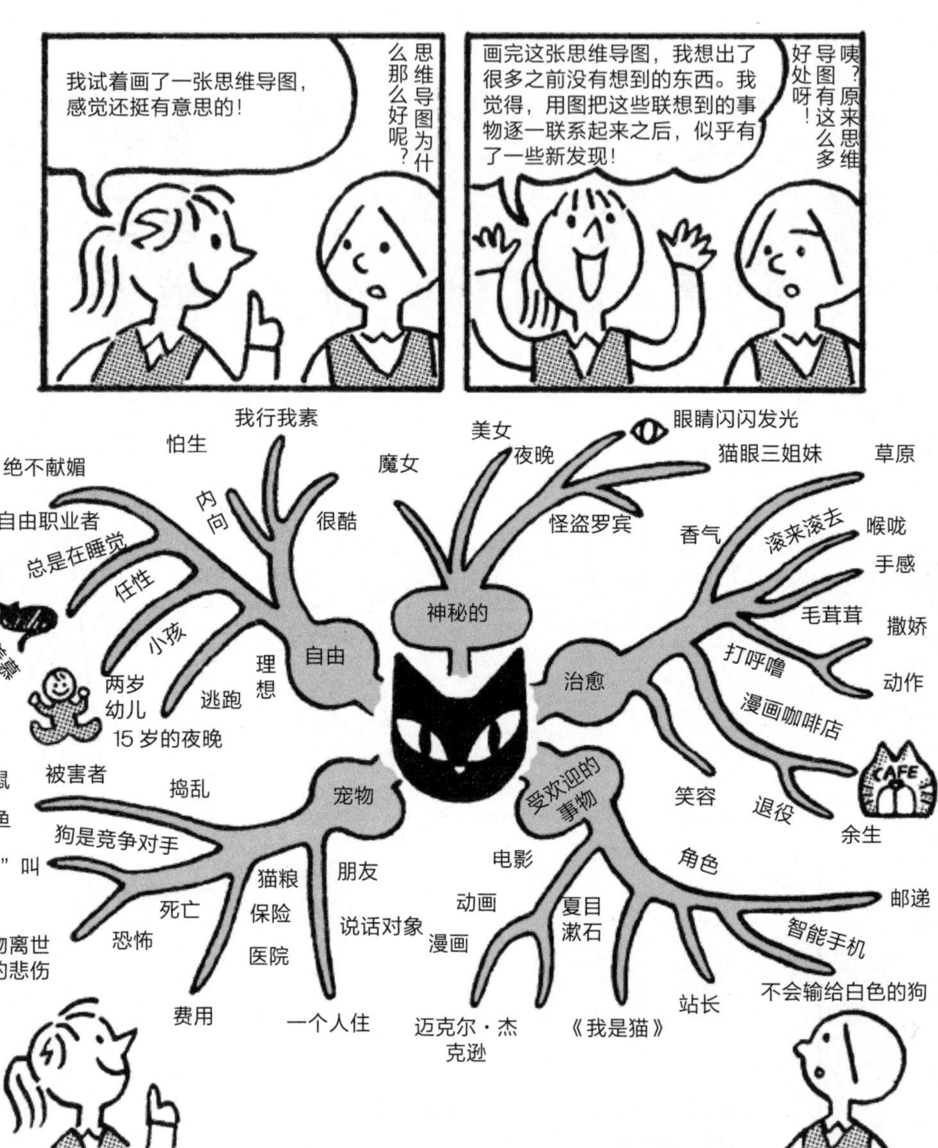

我试着画了一张思维导图，感觉还挺有意思的！
思维导图为什么那么好呢？
画完这张思维导图，我想出了很多之前没有想到的东西。我觉得，用图把这些联想到的事物逐一联系起来之后，似乎有了一些新发现！
咦？原来思维导图有这么多好处呀！
自由
我行我素
怕生
内向
很酷
绝不献媚
自由职业者
总是在睡觉
任性
很让人羡慕
小孩
两岁幼儿
逃跑
理想
15 岁的夜晚
神秘的
魔女
美女
夜晚
眼睛闪闪发光
猫眼三姐妹
怪盗罗宾
治愈
草原
香气
滚来滚去
喉咙
手感
毛茸茸
撒娇
打呼噜
动作
漫画咖啡店
CAFE
笑容
退役
余生
宠物
老鼠
被害者
捣乱
金鱼
狗是竞争对手
“汪汪”叫
死亡
恐怖
宠物离世后的悲伤
猫粮
保险
医院
费用
朋友
说话对象
一个人住
受欢迎的事物
电影
动画
漫画
迈克尔·杰克逊
夏目漱石
《我是猫》
站长
角色
邮递
智能手机
不会输给白色的狗

第 5 章

利用可视化工具，激发思维活力

眼睛是人的第二大脑

虽然因为对象的不同会出现一些程度上的差异，但总体来说，一般人更容易理解可视化的事物。日本将棋就是一个很好的例子。2021 年 4 月末，在众多棋手中，荣获“将棋二冠”称号的棋手藤井聪太以其非凡的棋术，使这一竞技项目受到了日本社会的极大关注。可以说，一流的专业棋手即使闭着眼睛也可以在脑海中再现出完整的棋局，但是，业余棋手就很难做到这一点。

棋手在下棋时，通常是一边看着棋盘，一边在脑海中演绎双方的棋路。他们随时都在思考，自己走出这步棋后，对方会做出怎样的应对。这样，通过提前设计对策，棋手可以达到先发制人的目的。在进行脑内博弈，即不使用棋盘和棋子、只在脑海中下棋时，即使是一流的专业棋手，也只能做到根据对方的动向移动自己的棋子，一不小心也会弄得全盘皆输。据说，脑内博弈很容易使棋手搞错自己所持棋子的步数。所以，走出一步精妙绝伦的好棋，可谓难上加难。

同样，在商业活动中，能否充分发挥视觉的作用也会极大影响我们的思考效率。本章就主要围绕可视化工具进行讲解。

几种最具代表性的可视化工具

第 2 章提到的分析框架其实就属于一种可视化工具，其中的一些分析框架就充分体现出了可视化对思考所产生的积极作用。图 5-1 示意的 PERT（计划评审法）网络图就是可视化工具的一个典型代表。其中项目流程用圆圈、箭头和数字示意，构建出网络图，用于项目管理等活动。

类似图 5-1 这种比较简单的 PERT 网络图，也许我们仅凭想象就能大致在脑海中描绘出来，但是，如果遇到了一个复杂的项目，做到这一点就比较困难了。**制作 PERT 网络图的目的就在于将复杂事物归纳为直观图表，在检查是否存在遗漏的同时，要寻找事物的关键路径（将所有必要流程用线连接所得到的最长路径），以及缩短项目耗时的具体方法。**

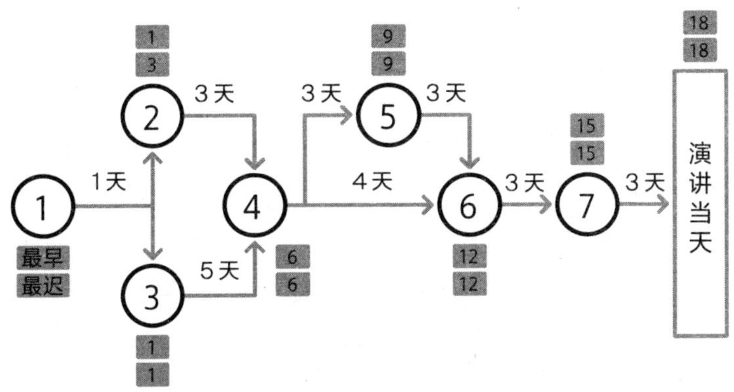

图 5-1　PERT 网络图

此外，人际关系图（也称人物关系图，用于磋商谈判等活动）及与之类似的网络图也具备上述特点。这类网络图的特别之处在于可以在 PPT 或一些制图软件中直观显示。通过鼠标拖动图中的某一交点，我们就可以进行动态的观察与思考。当然，也可以先在白板或笔记本上绘制一张草图，同时检查是否存在某些思维漏洞。

在解决问题时，还有一种常用的可视化工具叫作逻辑树。逻辑树是将某一事物毫无遗漏且毫无重复地拆分后，用拆分出的各个部分组成的分支图。同样，逻辑树也需要动手绘制才能得出更精确的分析结果。

分析因果关系时（详见第3章），可以利用简易关系图，让前因后果变得一目了然。而对某种有序事物（组织团体或市场区隔等）进行结构分析时，制作网络图则可以提高我们的思考效率。

可以说，商业活动是建立在各种关系之上的一种社会行为。将这些抽象的关系转化为某种可视图表的直观的分析方法，是准确把握问题的一个有力武器。

用视觉激发我们的想象力

本章开篇提到的思维导图就是一个典型的例子。**思维导图可以引导我们根据事物之间的联系不断写出能够联想到的词，而当我们将这些发散思维组合在一起的时候就能有所创新。**

制作思维导图时，首先要为需要解析的事物设定一个核心关键词，然后将该关键词放在思维导图中央作为起点。其次通过发散性思维，从起点向四周不断添加可以联想到的单词或短语。通过积极调动发散性思维，我们的创新能力就可以得到有效的锻炼。思维导图尤其受到欧美企业的青睐，采用这一工具的知名企业有微软、迪士尼及可口可乐等。

此外，制作思维导图时，切忌愁眉苦脸地埋头思考，只有让自己乐享其中，才能不断地输出新的想法。

曼陀罗思考法[①]也是一个类似的思考方法。首先，我们需要制作一个 3×3 的矩阵，并将核心研究题目放在中央的方格中。其次，在周围的方格里逐一填写与之相关的其他词。最后，将周围 8 个方格中的词分别放在 8 个新建的 3×3 矩阵中央。以此类推，不断增添可以想到的其他词。曼陀罗思考法也是通过视觉激发想象力的一种思考方法，其效果已受到广泛认可。大谷翔平是一名美国职业棒球大联盟的棒球选手，他在年轻的时候就曾使用过曼陀罗思考法，还

① 即九宫格思考法，是一种利用九宫格矩阵图发散思考的方法。

使这种思考方法得到了广泛关注。其实，网上还有很多相关案例可供大家参考。

了解自己的思维定式

在工作中使用可视化工具，可以有效提高我们的办事效率。如果时间允许，还可以请别人检查一下自己制作的可视化图表，看一看有没有不合理的地方或者是否存在某些思维定式，使可视化工具的作用得到更好发挥。

我也曾见过不少别人绘制的可视化图表。观察这些图表，的确可以从中看出绘图人特有的思维定式。比如，从事制造业的人，就容易将思维拘泥于制造领域。同样，商品研发人员也不例外。在引导这些人展开自由思维时，我经常会让他们绘制思维导图来思考如何提高销售收入。观察这些思维导图中的词就可以发现，很多人都只关注到了商品本身，而忽略了营销渠道等切入点。

一个人的思维定式也许不是一朝一夕就能改变的，但是，能否充分了解自己的思维定式，会在今后处理问题时体现出巨大差别。如果条件允许，我们还可以参考一下别人制作的可视化图表，相信大家一定能从中得到一些新的启发。值得注意的是，如果不将看到的图表及时记录下来，我们很容易就会忘记。所以，如果能够养成随时记录或拍照的习惯，我们就可以在关键时刻从中获益（详见第 31 章）。

- **本章思考工具的最佳使用时机**

  分析复杂问题、激发自身想象力时

- **让你能够胜人一筹的 3 点诀窍**

  ❶ 全面捕捉问题的各个环节并将其可视化。

  ❷ 打破思想壁垒。

  ❸ 积极借鉴他人优点。

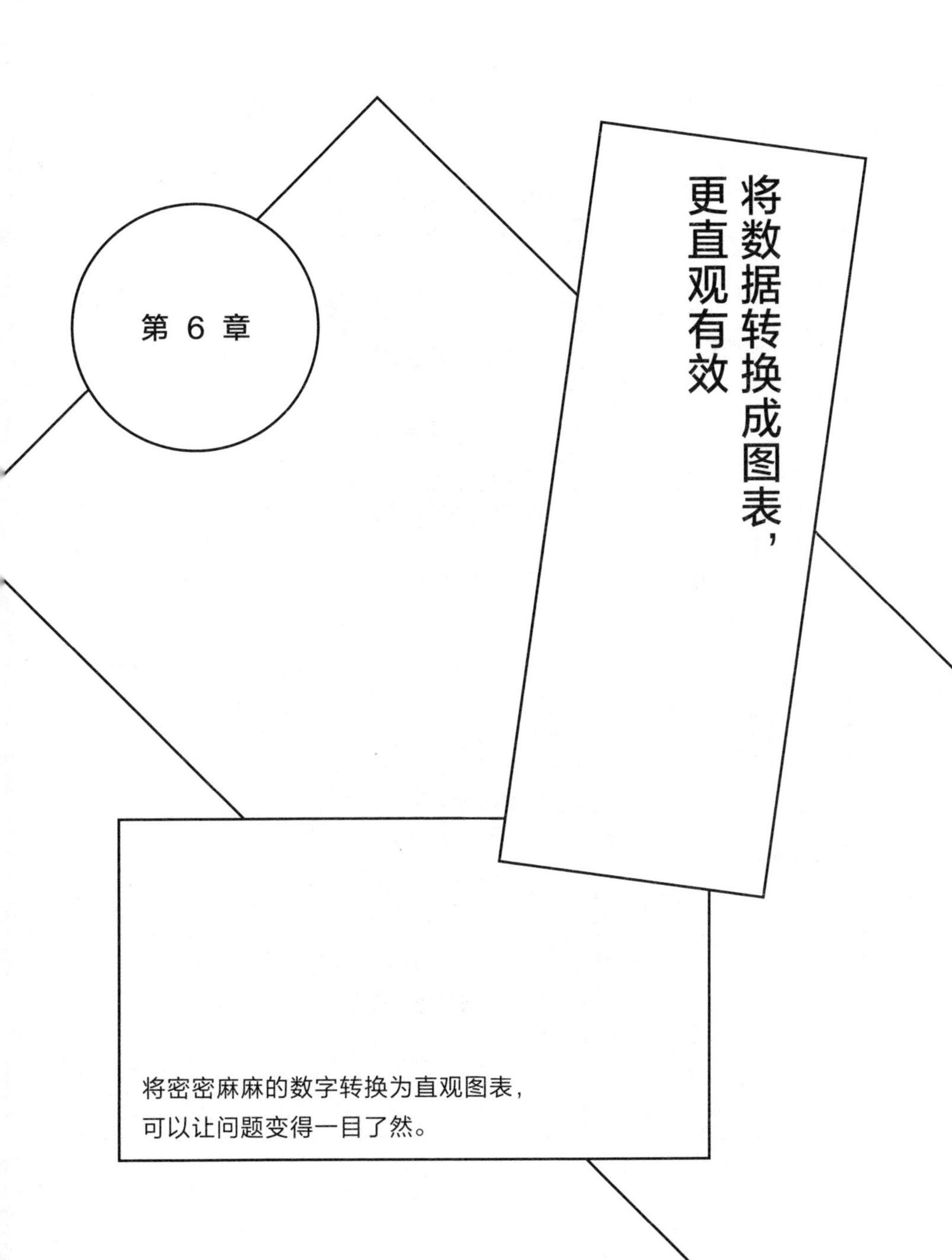

第 6 章

将数据转换成图表，更直观有效

将密密麻麻的数字转换为直观图表，
可以让问题变得一目了然。

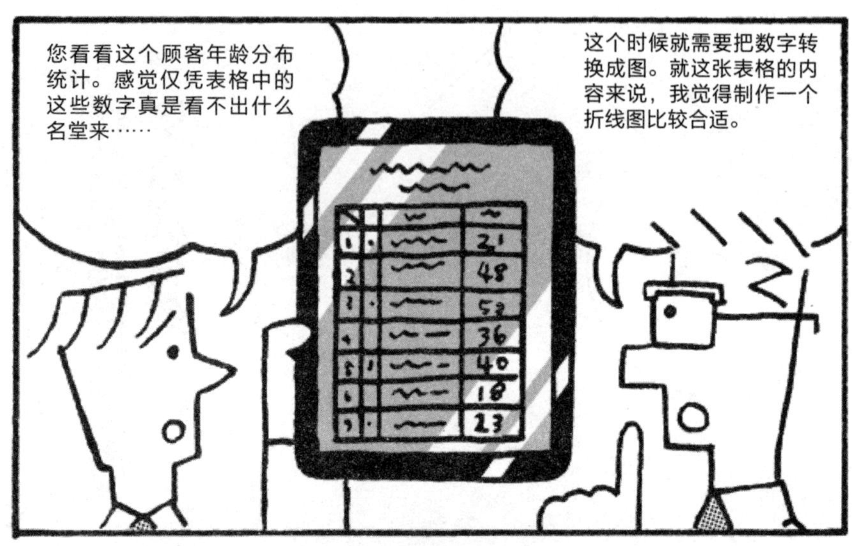
您看看这个顾客年龄分布统计。感觉仅凭表格中的这些数字真是看不出什么名堂来……
这个时候就需要把数字转换成图。就这张表格的内容来说，我觉得制作一个折线图比较合适。

一年后……

我根据之前那个表格的数据绘制了一个折线图，这才看出来，原来顾客年龄的峰值持续了这么长时间。据我分析，可能是因为不同目标顾客混杂在了一起，高峰才变得模糊了。
做成折线图之后确实看起来更清楚了，但这都已经是一年前的数据了……

第 6 章

将数据转换成图表，更直观有效

图表胜过单纯的数字

商业活动总会伴随着数字的出现，单纯观察这些数字很难发现其中蕴含的意义。与以表格的形式呈现数据相比，将数字转换成图表是更直接有效的视觉化思考方式，同时，图表还有助于我们表达自己想要传达的意思。接下来就让我们看一看图 6-1，这张图向我们展示了某行业整体销售收入的变化情况。从图 6-1 我们可以看出，这个行业的销售收入涨势平平，但在过去有过两次急速增长，而后面几年的涨幅又有所回落。在得出以上分析结果的基础上，如果能够找出之前收入突然增长的原因，我们说不定就能发现激活这种回落态势的“引爆剂”。

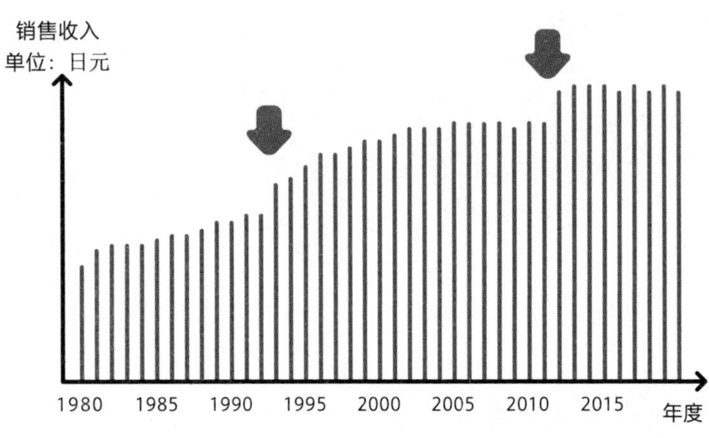

图 6-1　某行业整体销售收入的变化

值得一提的是，人在预测未来时，习惯于直接根据历史趋势进行外推。不可否认，现实生活中的确存在着很多可以用外推法得出正确分析结果的事物。所以，我们也不能否定这种预测方法。但是，有些时候我们也需要加倍小心。

比如，在某一行业中，突然出现了一个具有高度竞争力的新型替代商品，可以满足同等需求的、不同形式的产品或服务，这时整个行业的销售收入都有可能出现大幅下降，对个别企业的影响就不言而喻了。所以，面对这种情况，我们就需要密切观察行业动向，分清存在于眼前的机遇与威胁。

制作直观图表

将数据转换为图表时，要选择直观性强的图表。制图时的注意事项包括：

- 确认选用的坐标轴是否恰当、合理，如刻度、起点等。
- 所有数据能够均匀分布在整张图表中。
- 不应省略的地方一定要有所体现。
- 下笔时，不使用多余的辅助线（打开 Excel 时，有时会默认为系统初始设定）。
- 进行比较时，要选择恰当的图表，比如用两个饼图进行比较时，就很难看出数据本身的规模大小。
- 适当使用不同颜色对数据进行区分。

这里，我们暂将前提条件设定为：所用数据正确且出处确凿。在实际工作中，我们还需要先对数据的正确性及其出处进行确认。

制作相关图

图 6-1 这种简单的条形图已经能够让我们很直观地获取很多有价值的信息了，不同类型的图表能让我们得到更多有趣的发现。比如，通过图 6-2 这样的散点图我们就可以看出，影响杂志销量的关键因素与爆炸性新闻给读者带来的震撼力大小有着紧密的联系。使用此类图表时，我们需要注意是否存在着某些伪相关。

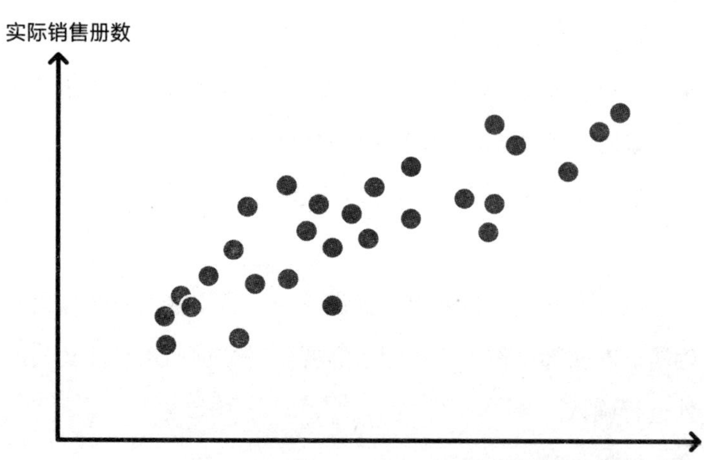

图 6-2　某杂志的销量与爆炸性新闻的震撼力的关系

此外，相关图还有助于发现不规则现象，即异常现象。这部分内容将在第 19 章进行详细讲解。

培养量化的意识

以上内容都是在已经做好数据统计的前提下展开的说明，但有时我们也会遇到找不到任何数据的情况。比如，顾客满意度与员工满意度是企业管理的两项关键绩效指标（KPI），这两项指标有时就很难得到准确的量化。人们常说，不能被量化的事物就无法实施管理。由此可见，仅依靠这两项指标进行经营管理是非常低效的。

因此，对于企业或个人负责的关键业务，我们需要事先制订出各个环节的 KPI，避免在事后评估时才发现没有量化指标的问题。企业的研究部门也不应该只关注专利、论文或是研究课题的数量，还要将企业技术的潜在能力及其优势等因素适当进行量化，使企业实力变得一目了然。

通常，关于财务、市场营销及生产的相关数据企业都会统计得比较完善。相比之下，在开发部门和企业职能部门（总公司的管理部门）就很难找到一套完整的 KPI。因此，这些部门的数据自然也就难以得到完整的统计。

虽然刻意进行量化统计有时也不一定能够得到十分理想的效果，但如果我们能够积极地调动想象力，制订出一套相对实用的 KPI 也并非没有可能。比如，企业的管理部门可以制订出一套“一线员工满意度”的指标。如果我们能够提前制订出一些针对性强的 KPI，在把握中长期发展趋势等重要方向时就可以变得游刃有余。同时，某些 KPI 还可以将企业的变化呈现得一目了然。

统计过往数据时，我们可能会遇到很多困难。这时，确认统计条件是否前后一致就成为一个关键环节。这是因为，如果条件发生了改变，在不同条件下统计的数据就会失去可比性（详见第 4 章）。比如，为了分析某一工程的生产效率，在对不同时期的人均毛利润进行比较时，如果其中某段时期的数据中包含咨询服务的费用，就很可能会导致数据出现异常断层。

第 6 章

将数据转换成图表，更直观有效

● 本章思考工具的最佳使用时机

可以将信息进行量化时

● 让你能够胜人一筹的 3 点诀窍

❶ 充分了解各个图表的特征及其“陷阱”。

❷ 关注相关关系。

❸ 预估将来有可能用到的数据。

第二部分

提高思考效率的9个工具

グロービス流「あの人、頭がいい!」と思われる「考え方」のコツ33

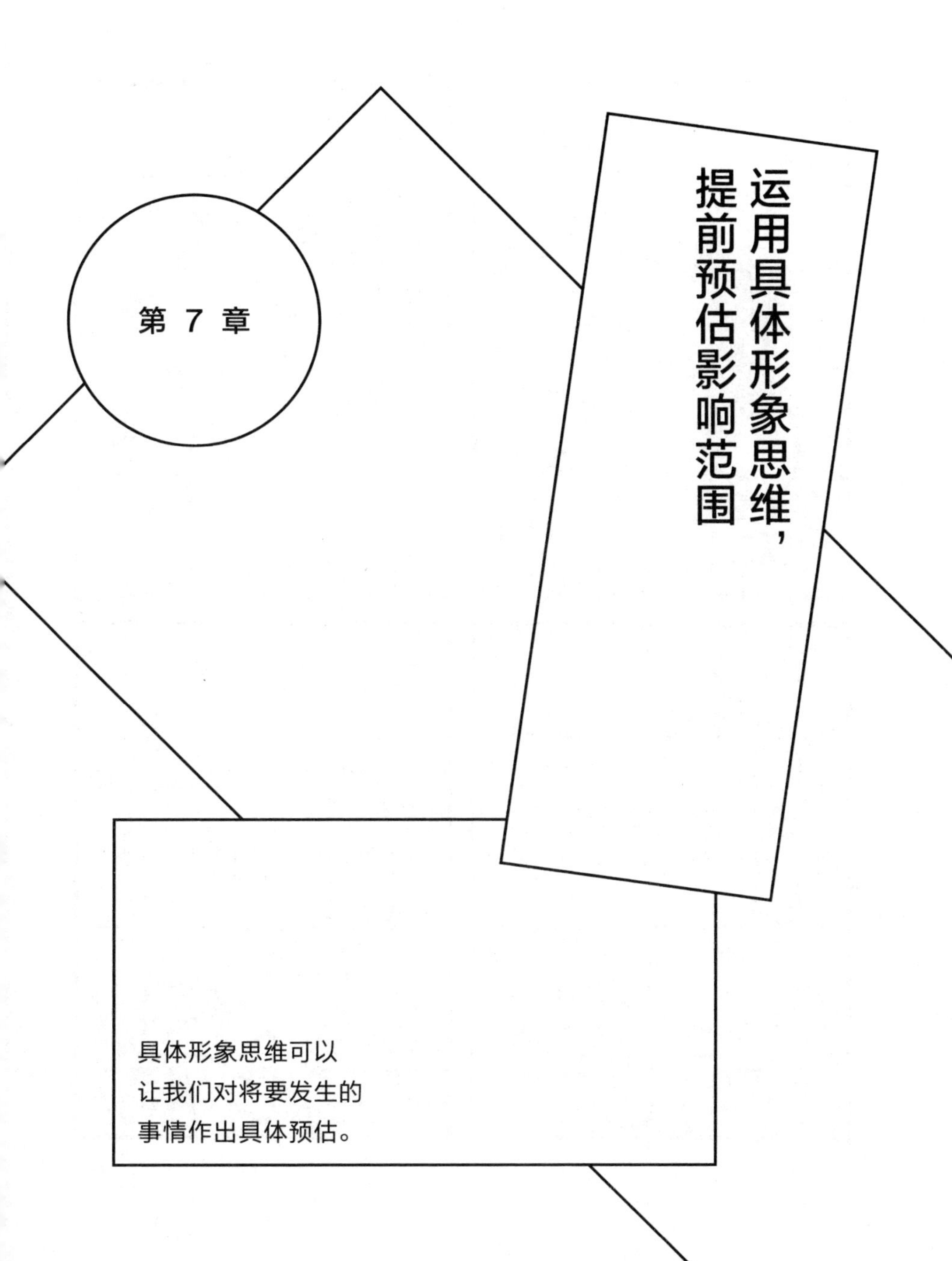

第 7 章

运用具体形象思维，提前预估影响范围

具体形象思维可以
让我们对将要发生的
事情作出具体预估。

你觉得我这个提案
怎么样？
我觉得不错呀。

你觉得提案能在董
事会上通过吗？
我觉得肯定会遭到 C 董事和 D
董事的反对。

确实，我也有这个预感。
这可怎么办呀？
我觉得 C 董事关心的是品牌
形象，所以只要强调提案不
会对品牌形象有任何影响就
可以了。D 董事不管什么事
都习惯提出反对意见，但最
终肯定还会遵从全体董事的
意见。

也就是说，只要能让 C 董事
认可这个提案不会影响品牌
形象就可以了吧？
没错。还有，我已经帮
你给董事会做了一些前
期工作了。

第 7 章

运用具体形象思维，提前预估影响范围

形象越具体，思考效率越高

人在思考某一问题时，除了借助语言文字，往往还需要在脑海中为该问题勾勒出一个具体形象才可以完成所有的思考过程。关于人的这一思维特点，第 21 章还会有所涉及。虽然任何事情都不能一概而论，但通常来讲，思考问题时，我们在脑海中将问题描绘得越具体，思考效率就会越高。

在市场营销活动中，打造品牌形象就是一个十分明显的例子。消费者经常会看到这样的调查问卷：问卷先用文字描述了产品的概念，然后询问被调查者是否有意向购买该产品。其实大多数消费者这时会先在脑海中将自己看到的文字转换成一个具体形象，然后进行判断。如果这个经大脑转换出来的产品形象与实际产品有很大差异，该调查问卷的可信度就会受到影响。

这时，如果能在调查问卷中用图示意出该产品的具体形象，就可以减少上述差异的出现，进而提高该问卷的可信度。**具体形象可以为我们指出正确的思考方向，是我们思考问题的一个有力武器。**

勾勒产品及服务的具体形象

通过上述案例我们可以看出，具体形象思维的作用与优势尤其可以在开发新产品或新服务时得到充分发挥。因此，进行新产品或新服务开发时，我们必须具体想象消费者的结构，想象消费者会如何使用这一产品、如何利用这一服务，以及会给出怎样的评价。同时，有效的宣传方式也是我们需要具体思考的内容。

通过进行具体想象，我们可以作出具体预估。比如，某项服务的目标用户被设定为 20 ～ 25 岁的女性，但我们可能很难想象出她们实际接受这项服务时的样子，这就意味着，如果不能进一步提高此项服务的吸引力，使其更符合目标女性的诉求，我们就很有可能会输给业内的竞争对手。

我写过不少有关经营管理方面的书，也会在策划阶段对未来读者的形象进行具体勾勒。在多数情况下，我会在脑海里将读者预设为 30 多岁的商务人士，有时也会定位在 20 多岁。当然，也有很多书是面向 40 岁左右的读者的。可以说，有了这样一个具体的形象定位，我就会很自然地根据读者的不同年龄段相应地调整笔风及使用的案例。比如为了使年轻人提高得更快，在受众为 20 多岁读者的书中，我也会积极使用适用于 30 多岁读者的讲解方法。

具体形象让讨论更容易出成果

在实际的市场营销活动中，人们会为某种服务或商品设计出一个十分具体的典型用户形象，我们将其称为“用户画像”。比如，可以这样设计某一用户画像：用户姓名为山冈优香；住在东京文京区本乡；年龄在 30 岁上下；女性上班族；在某 IT 公司从事销售工作；年收入 × × 万日元；独居，有男朋友；晚上经常在家上网看视频……

以上这些前期工作，可以使具体的用户形象在企业内部得到有效共享，同时可以更好地引导大家进行讨论。有了这种具体的用户形象，大家讨论起来就会变得更加方便，说不定某个员工就会想出山冈女士所期待的一些其他产品功能。由此可见，具体形象思维能让我们发挥出无穷的想象力。

通过不同的描述来想象对方的反应

就像开篇漫画中的故事情节一样，当我们作出某个提案时，通过具体形象思维预估对方的反应，有助于我们思考有效的应对措施。对于其中的关键人物，我们可以对其反应进行具体描述。比如，“E 领导肯定会做出一副明显反对的表情”“F 领导肯定会大加赞赏这个提案”等。如果关键人物只有 30 人左右，这一过程也不会花费我们很多时间。

但是，如果是大型企业，我们就很难具体描述每个员工。这时，我们可以想象出几种典型的员工形象，然后对员工进行归类。比如，预估员工对公司某项制度改革产生的反应时，就可以将 30 ～ 39 岁的骨干员工视为一个整体。如果感觉这类员工会对此次改革产生抵触心理，就应该同时加入一些有利于骨干员工的规定。频繁改变企业制度会对企业发展产生不良影响，因此，对员工的反应做好预判就显得尤为重要。

为了做好预判，有时我们还可以借助人际关系图（详见第 5 章）进行分析。在绘制人际关系图时，首先要将所有与该事件有关的人都包括在内，在此基础上一边观察关系图，一边想象这些人会作何反应。

深思熟虑是关键

先说一个题外话。制定政策时，日本政府就存在不少缺乏这种前期想象工作的现象，普及公民个人编号就是一个典型的例子。暂且不说个人信息是否能得到充分保护，这一制度首先就让人觉得，国家并没有充分验证它能给人们带来多大方便。不言而喻，不方便的东西自然也就不能得到普及。

此外，在 2020 年上半年，日本相关部门又提出了一个将第一学期改为 9 月开学的提案，引起了社会各界的讨论。虽然这的确是一个值得讨论的提案，但就我看来，相关部门并没有充分探讨过此项举措会对社会产生怎样的具体影响。

比如，这项改革会对改革当年的那届考生及第二年的考生，甚至是教育工作者带来很多不同程度的影响。

虽然我们不追求完美，但是在修订这种影响范围极其广泛的政策时，国家还是应该深思熟虑之后再作决定。

要想提高具体形象思维的准确性，就要让自己“接地气”

为了提高具体形象思维的准确性，我们需要有意识地拉近与一线工作者的距离。不难想象，如果人力资源部部长根本不了解员工的实际工作状况，他就会在制定人事政策时遇到很多困难。同样，连锁经营的企业，也必须在掌握了典型店铺的现有装潢特点之后，才能开展店铺改装工作。

由此可见，想要预测对方会对自己的某个举措做出怎样的反应，我们首先需要做到充分了解对方。这个道理听起来非常简单，但就像前面提到的个人编号一样，人们往往会忽略这一环节。事实上，不少企业的领导就是随着职位的升高，渐渐忘记一线工作的亲身感受。

其中，销售和生产部门出现上述现象的概率相对较低。但是，由于职能部门与一线员工相隔甚远，这些部门的领导对工作现场的认识就显得尤为淡薄。因此，一些企业会在生产部门和职能部门之间积极地进行岗位轮换，以避免上述现象的发生。

所以，运用具体形象思维进行思考时，我们必须从客观角度（从高处俯瞰）对事物进行观察。同时，我们要不断地进行反思，检查自己脑海中描绘的形象是否正确地反映了该事物的真实形态。

- **本章思考工具的最佳使用时机**

  预测某一新举措的影响范围及影响程度时

- **让你能够胜人一筹的 3 点诀窍**

  ❶ 准确勾勒用户画像。

  ❷ 借助不同的描述进行想象。

  ❸ 努力拉近与一线员工的距离，避免脱离实际情况。

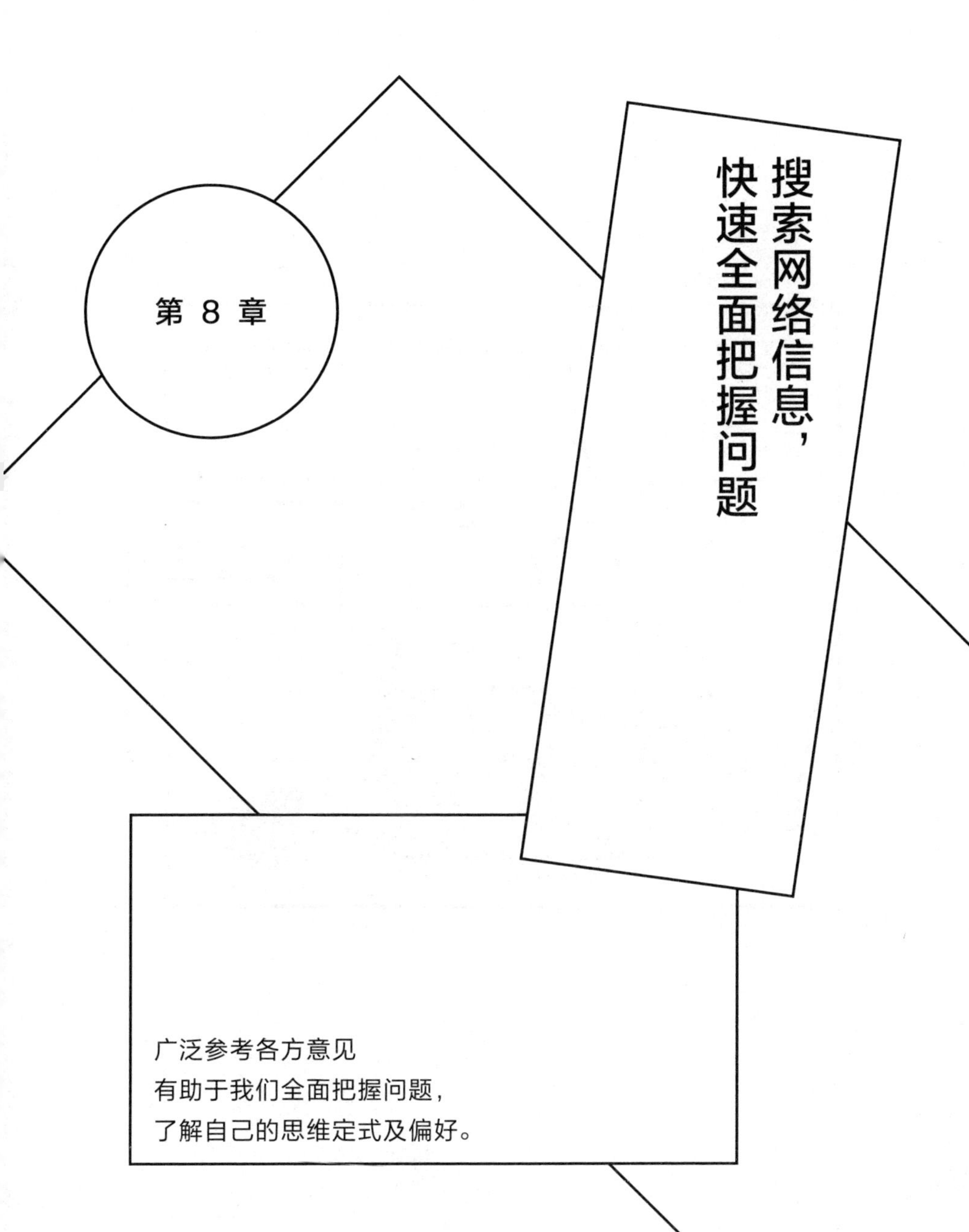

第 8 章

搜索网络信息，快速全面把握问题

广泛参考各方意见
有助于我们全面把握问题，
了解自己的思维定式及偏好。

经常能看到一些持有特定政治立场的人在留言区留言，所以要记得进行判断，适当取舍。但是……如果这个人的评论注明了出处，那还是看一看吧。

第 8 章

搜索网络信息，快速全面把握问题

辨别网络信息

互联网作为一个商业化工具已经超过 25 年了。网络承载的信息量在逐年增加，使用搜索引擎查询信息已经成为一种自然而然的活动。可以说，现今社会如果失去了网络，人们就无法进行信息的搜集。但是，这并不意味着网络中的所有信息都是正确的。

网络是个信息宝库，但前提条件是：我们必须具备辨别信息的能力。其实，网络中不仅充斥着错误的信息，还夹杂着不完整的信息。不完整信息虽然没有错误内容，但容易让人断章取义，导致人们理解错误。

不言而喻，进行正确思考的前提是获取正确的信息。但是，筛选出正确的信息并不像我们想象的那样简单。那么，我们又如何有效利用这些良莠不齐的信息呢？换言之，怎样做才能提高我们辨别信息的能力呢？

严格区分观点与事实，尽可能找到信息的原始出处

利用网络信息时，首先必须做到严格区分主观看法和客观事实。主观看法仅仅是新闻撰稿人对该新闻的个人看法，与事实或许会有出入。不可否认，其中确实存在着一些十分合理的分析，但基本上，这些分析都带有撰稿人的个人立场，仅仅反映了其个人的视角（看问题的方法），需要引起我们的注意。本书稍后还会叙述这方面内容。

接下来，让我们对客观事实进行一些探讨。判断某一信息的客观性与正确性绝不是一件手到擒来的事情。但是，对于日本历届首相的任期这种很难造假的信息，只要查询维基百科或其他信息来源，就可以迅速核实其内容的真实性。同时，确认信息的统计方法也是一个不可缺少的

环节。相对来说，国家及政府机关统计的数据具有较高的可信度[①]。

此外，通过了同行评审的论文通常也具有较高的可信度。值得注意的是，在此类论文中也会包含一些尚处于假设阶段的论点，因此我们也不能全盘接收。同时，标注了明确出处的书籍（特别是专家学者写的书籍）也属于可信度较高的一类信息来源。**同理，如果能在多个出处找到某一相同信息，那么我们就可以认为，该信息的客观性相对较高。**

对引用的言论提高警惕

最难辨别真伪的是文章中引用的言论。这是因为有时说话人会故意扭曲事实，有时引用者也会产生错误理解。比如，日本《钻石周刊》可以算是一本公信度较高的杂志，但是，即使是这种杂志中刊登的采访记录，有时也很难逃脱这种命运。究其原因，访谈内容会包含很多只有被采访者本人

① 凡事没有绝对。比如，2019 年就有报道称，日本厚生劳动省（日本负责医疗卫生和社会保障的主要部门）发表的统计结果中出现了错误。

才知道的信息，所以杂志记者也无法对该信息的真实性进行确认。

尤其是一些成功人士的采访记录，其中内容经常会夸大其词。不假思索地信以为真，有时会给我们带来很严重的后果。因此，在搜集信息时，要随时留意刊登媒体的公信度。即使是那些具有较高公信度的媒体，我们对其内容也要保持审慎的态度。

了解说话人的立场是进行判断的先决条件

对某一观点进行判断时，要尽可能了解说话人所处的立场及其平时的言论倾向。我们可以看一看，说话人在政治上是保守派还是激进派，在经济上是倾向政府调控还是自由经济，等等。比如，行业领军企业的员工与高速成长中的初创企业的员工之间，就会出现明显的立场差异。同样，在听某些特定组织（与政党产生利益关系的行业或企业等）的发言人讲话时，**我们也需要留意他们是在为谁的利益代言。**

如果培养出了上述意识，面对一些似乎有理有据的言论

时，我们就具备了进行质疑的能力。比如，我们可以怀疑，该说话人在展开论述时会不会只是挑选了有利事实，等等。虽然做到这一点并不容易，但只要我们平时广泛接触各类信息，积累了一定经验之后自然就会具备较强的辨别能力。

匿名留言也有参考价值

匿名留言是一类不大好处理的信息。特别是在日本，匿名留言的文化根深蒂固，对其真伪的辨别能力就成为搜集信息和提高自身认识水平的一个关键要素。

在搜集信息时，有些人会将所有的匿名留言都排除在参考范围之外。其实，这并不是一种明智的做法，因为我经常能看到让自己大开眼界的匿名留言。有时，甚至仅凭阅读匿名评论区的“论战”，我就能得到不少启发，从中发现了很多新的思考方法及不同立场的不同观点。

但是，不经任何思索直接照搬这些留言是十分危险的。我们要对其留言内容的依据等进行确认，尤其要注意那些不能立即得到确认的内容。虽然匿名留言的真伪很难辨别，但观察这些匿名留言者的言论倾向，可以对我们的判断起到较大的辅助作用。比如，如果是博客等网络发布平台，我们就可以通过查找该博主的历史日志，了解其言论倾向。此外，有时借助 ID 号也可以搜索到同一发布者以前上传的内容。

注明论据的留言也要进行确认

上述内容并不表示具名留言就一定正确，注明了论据的留言也不例外。**我们要通过常识判断，对某一留言质疑时，要养成及时查证的习惯。**通过进行大量查证核实，我们的既有常识[①]可以不断得到修正。

值得注意的是，在现今社会，伪科学式的言论会通过各种网络社交平台迅速得到传播。因此，为了提高判断能力，我们要从平时做起，加强信息搜集的全面性。

---

① 这里的常识更倾向于指代辨别真伪的能力。

第 8 章

搜索网络信息，快速全面把握问题

- **本章思考工具的最佳使用时机**

接触大量信息并让大脑保持思维活跃时

- **让你能够胜人一筹的 3 点诀窍**

❶ 严格区分观点与事实。

❷ 注意观点提出的背景。

❸ 对某一观点产生怀疑时要及时进行查证。

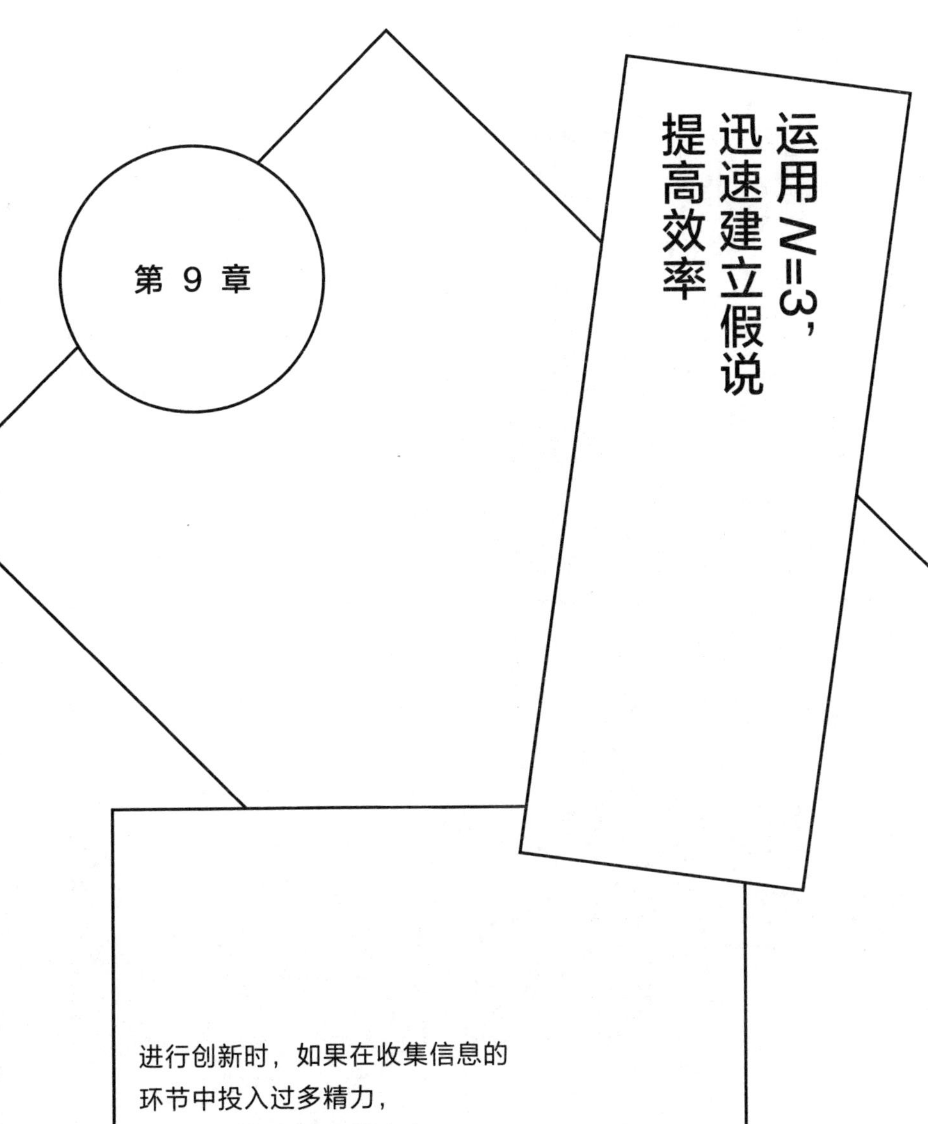

第 9 章

运用 N=3，迅速建立假说提高效率

进行创新时，如果在收集信息的
环节中投入过多精力，
我们就会首先输在效率上。

让我想想……
唉！
到底要设计什么样式才好呢……
真是一点儿头绪也没有！
啊！
我好像……
有了一些思路！
唰唰唰

第 9 章

运用 *N*=3，迅速建立假说提高效率

从少量参照样本中快速建立假说

首先，“*N*”在这里指的是参照样本的数量。而“3”只是一个假定值，根据具体情况也可以换成“2”或“4”。本章的核心内容为：如何通过少量参照样本迅速建立假说。接下来，本章就将围绕这一主题展开具体的说明。“建立假说”听起来似乎略有难度，但实际上我们可以将其简单地理解为给出暂时性答案的过程。

其实，以下这些推断都属于建立假说的过程。比如，这种商品“应该会”卖得很好；“估计”这样做顾客会感到非常满意；这项工作真是又费时又费力，省去它“应该也不会”影响顾客满意度等。我们建立的假说，有时可能并不完

全正确。但只要我们能够及时进行修正，就不会对最终结果产生太大影响。**因此，我们并不需要在进行假说构思时投入太多时间，而要将重点放在迅速完成假说并对其进行验证的过程中。**

此外，虽然构思假说时参照的样本并不求多，但在验证其正确性时，我们需要通过问卷调查等多种方式对假说进行确认。

选择保守还是大胆尝试

下面，就让我们通过一个具体案例，学习一下如何利用 $N=3$ 的方法建立假说。假设某出版社正计划发行一部轻松易读的经济类图书，那么，在选题环节究竟应该如何建立假说呢？

大家可能会马上想到一些方法。比如，我们可以通过翻看近几周的《钻石周刊》《东洋经济周刊》《日经商务周刊》，大致掌握商务人士当前关注的信息，严格来讲，是从这三本经济杂志中筛选出的热点商业问题。如果我们发现“退休生活”“升学问题”“换工作”“数字化转型”“经济动态”等词语是这三本杂志中的高频词，那么将这几个内容列为此书的候选主题，就可以避免在选题上出现致命性的错误。

当然，我们完全可以再多找几本杂志进行参考，但这无疑会耽误一定的时间。其实，这里的重点在于，只要看了这三本杂志，就可以避免漏掉重要的信息。换言之，选择具有代表性的参照样本才是关键所在。但是，这种方法只适合进行一些低风险的构思。在追求某些标新立异的主题时，我们则需要收集一些具有独特视角的媒体信息。

大量结识有想法的行业前沿人士

上述案例的着眼点落在了社会中的普通信息上。如果我们将视线聚焦在那些引领时代的核心人物或走在行业前沿的人物身上，就会从他们的思想中学到很多新知识。

以时装行业为例，我们可以寻找三位引领潮流风尚的人，去听一听他们的想法。同时，通过观察三者服饰搭配的共同特点，我们也许就能掌握今后的流行趋势，或发现一些普遍适用的搭配技巧。

再比如，社会上存在着一类被俗称为“生活黑客”[①]的人，这类人往往拥有极为敏锐的视角。与他们展开交流，我们说不定就能获得一些关于未来工作方式的灵感。通常来讲，走在对手之前是商业领域制胜的关键。因此，大量结识行业的前沿人士在商业领域中也具有十分显著的实用性。

就上述出版图书的案例而言，如果能在选题确定前找到几位知名企业家或是优秀商务人士，问一问他们现在所关心的问题，我们或许就能学到一些独到的前沿理念。比如，假设有机会能与孙正义、柳井正及永守重信或其他在日本颇具代表性的企业家进行对话，而在交谈中，这些人提及了一些冷门问题，那么通常来讲，这些问题就很可能会成为今后人们关注的焦点。这时，如果我们能将这些问题一同写入书中，就可以大幅提高这本书的销量。

在实际生活中，我们也许很难找到与这种级别的大人物进行对话的机会，但是我们可以遇到很多十分优秀的普通人。如果在平时能够注意与这些人保持往来，我们就可以给

① 指那些喜欢对生活方式进行设计，追求个人主义，追求理性，追求不断实验得真知，追求系统化生活的人。

自己创造一个获取信息的有利环境。有了这种环境，我们就可以产生更多灵感，建立的假说也会具有更强的实用性。

利用集体力量结识领域关键人物

仅凭一个人的人脉很难结识所有领域的关键人物。比如，我对时装和烹饪不是很了解，如果遇到这些方面的问题自然就会感到无从下手。再比如，我十分了解篮球和美式橄榄球，对英式橄榄球却一窍不通。

遇到自己生疏的领域时，我们可以发挥集体的力量。如果我们的企业具有一定规模，我们就可以借助其他同事的力量结识这个领域的关键人物，以便快速进行定位。

同样，作为企业，也要避免聘用相同特性或相同背景的员工。这是因为，只有提高企业内部人才的多样性，企业的整体洞察力才可以得到强化。

最近，企业人才的多元化成为人们关注的热点问题。其实，人才多元化的作用并不限于多发挥女性和老年人的社会价值，或是借助外籍人才的力量来应对经济全球化。人才多元化的真正作用在于，不同背景的员工越多，企业的团队智商就会越高。同时，人才多元化还可以提高信息资源的多样性，最终使企业达到提高综合竞争力的目的。

从日常做起，培养自己的观察能力

$N=3$ 中，3 这个数字虽看似小，却包含了多种呈现方式。下面就以店铺开发和消费者行为为例，对其展开具体说明。需要大家注意的是，$N=3$ 在这里并非单指 3 个消费者。

有时，$N=3$ 还可以指通过观察 3 处售卖区来建立某种假说的情况。比如，当我们分别用一个小时来观察唐吉诃德、松本清及 7-11 的某一店铺时，就有可能发现一些平时很难察觉到的消费趋势变化。

即使是午餐时经常去的餐馆，只要我们仔细观察，也会发现其中的一些微小变化，比如，“某个菜单的内容换了”或“菜品配料有了细微调整”等。这些日积月累的细微变化可以给我们带来很多新的思考，比如“能否进一步加大海藻类菜品的推广力度”“能否依托海藻类菜品维持盈利”等。

换言之，仅凭空想是无法创立假说的。我们需要积极行动起来，走到室外广泛接触各类信息。只有时刻保持孜孜不倦的态度，我们才有可能建立一些标新立异的假说。

如果时间允许，大家还可以与同事交流自己的发现。通过与他人进行讨论，我们肯定会得到更多的启示。**值得注意的是，只有扩大信息来源，才能防止思维僵化。因此，在进行讨论时，我们要有意识地更换讨论对象。**

- **本章技巧适用的场合**

  迅速建立假说、提高工作效率时

- **让你能够胜人一筹的 3 点诀窍**

  ❶ 根据不同目的，选择适当的参照样本。

  ❷ 广泛结识行业前沿人士。

  ❸ 培养观察能力并扩大信息来源，防止思维僵化。

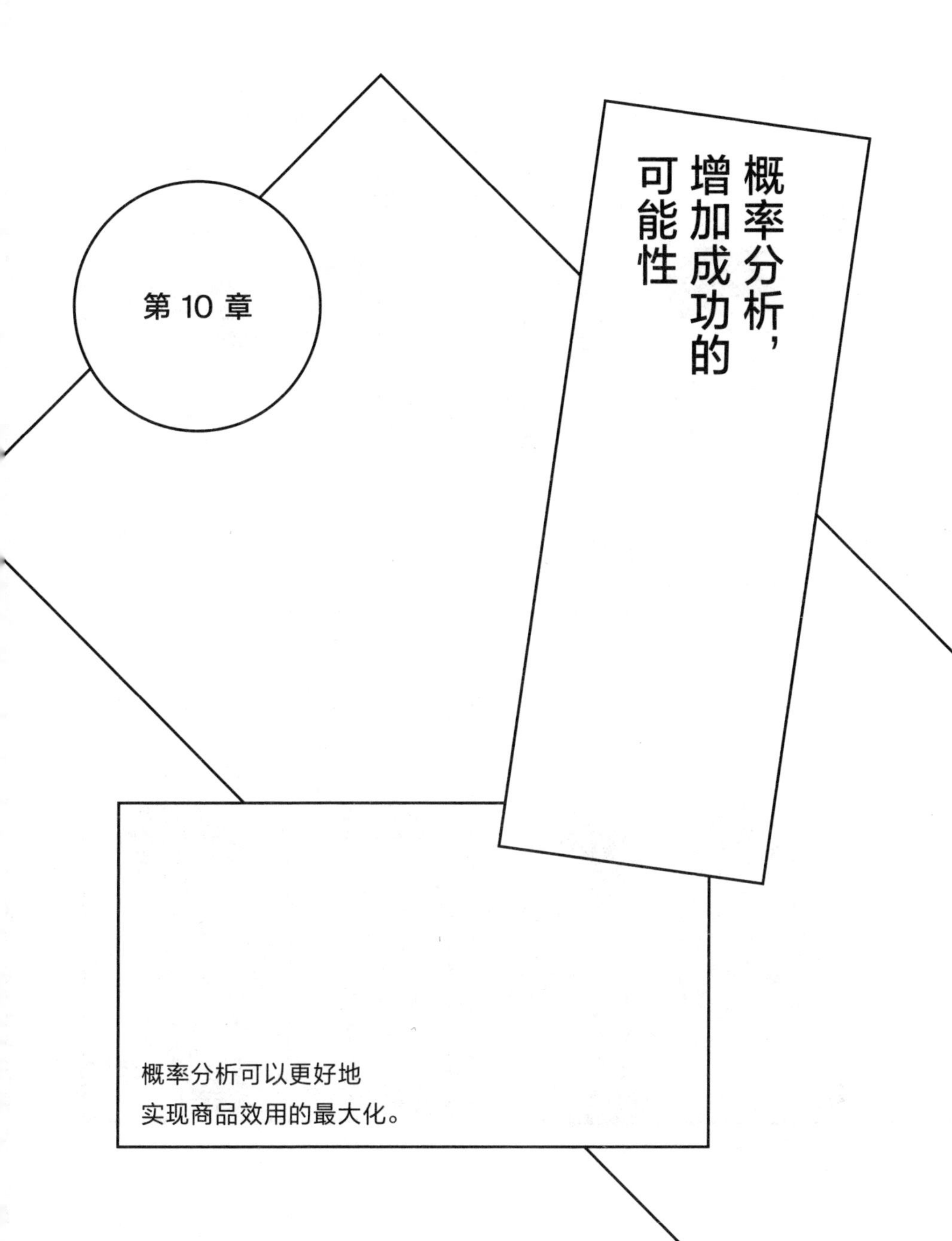

第 10 章

概率分析，增加成功的可能性

概率分析可以更好地
实现商品效用的最大化。

对方今天的先发投手是 × ×，所以我支持的那支球队肯定会赢的！
那你估计获胜的概率是多少呢？

老实说，大概也就 20% 吧！
你不想看到你支持的球队输掉这场比赛吧？

那肯定是不愿意呀。看到球队打赢时的高兴程度要比看到他们打输时的沮丧程度高一倍呢。
那也就是说……

打赢时的效用按 10 计算的话，期望值就可以计算为 10 × 0.2+（-5）× 0.8，得出的结果是 -2。
那我还是别看今天这场比赛了吧。

第 10 章

概率分析，增加成功的可能性

历史数据越多，概率分析的准确性就越高

在实际商业活动中，我们很难像开篇漫画那样轻松地完成概率分析。其他活动，比如篮球的战术设计属于比较好操作的一种情况。我们可以将各个球员的进球率，按不同的投球站位（与篮筐之间的距离和角度）进行统计，算出每个球员在各个站位的进球率。在进行战术安排时，我们就可以通过这些统计数据准备一套战术方案。即使上场后被对手打乱了原计划，球员也可以根据赛前的数据判断如何处理下一个传球和投篮。

但是，商业活动不像体育比赛这样有规律，因此，很多时候我们很难依靠概率分析作出准确预期。不过，就存在一定规律可循的事物而言，概率分析还是可以发挥很大作用的。

比如，大型企业的招聘专员就能在一定程度上判断出，具有哪些背景或特性的员工更有可能为公司作出卓越贡献。但是，由于每年的经营环境都会发生变化，企业一味套用以往经验有时并非万全之策。为了提高成功概率，我们可以将九成员工依照概率分析进行选择，剩下的一成则尝试录用一些“生力军”，以便为公司注入新鲜血液。

在开展某项新业务时也是如此。随着公司的发展，历史案例的数量会不断增加，这些既有经验就为我们判断新业务的成功率提供了很好的依据。虽然过度依赖历史数据也会有很大风险，但如果能够有选择地使用概率分析，我们最终还是能够确保一定的回报率的。

决策树是概率分析的基本工具

进行概率分析的基础是绘制决策树。决策树中的各个组成部分并不需要画得十分细致。

决策树的运用方法为：利用预估回报（效用）及其概率，计算出每个备选方案的期望值。然后，通过比较各个期望值，选定其中的最优方案。以图 10-1 为例，通过对比这两个投资项目的期望值可以看出，项目 A 的期望值更高，所以正确选择为项目 A。但是，如果企业不能承受 4 000 万日元的亏损，就可以反向利用这一原理，选择低风险、低回报的项目 B。

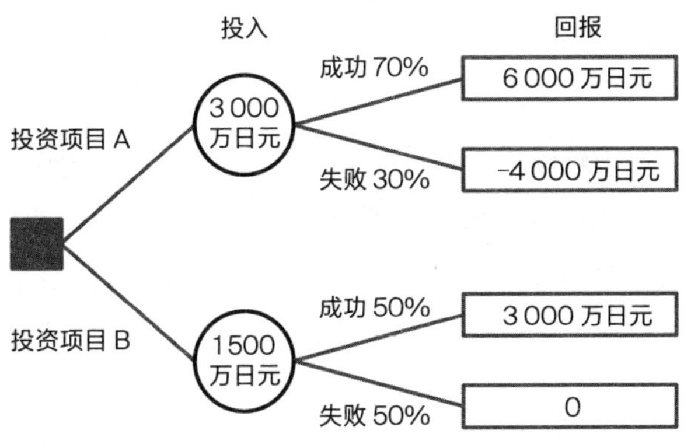

图 10-1　投资项目 A 和 B 的决策树状图

对各个选项分别进行客观判断

对大型工程项目等重大事宜进行决策时，虽然需要考虑的内容十分复杂，但在通常情况下，一张简约的决策树状图就可以给我们带来很多有效启示。**决策树状图的一个基本作用就在于，它能够让我们客观地找出所有备选方案。**

在日常生活中，虽然没有进行实际的绘制工作，但在很多时候，我们已经进行了类似的思考。比如，听到天气预报说今天降雨概率为40%时，我们就会思考要不要带伞出门。这时，我们就会用自己的判断方法思考并分别预估带伞出门的效用（如果真的下雨了，就可以避免被淋湿；但如果没下，雨伞就白带了）与不带雨伞出门的效用（如果真的下雨了，就会被淋湿或者需要临时买一把雨伞；但如果没下，就可以少带一样东西），然后通过比较二者的期望值来进行决策。

最后，让我们再将话题转回篮球比赛。通常，期望值较高的投篮被定义为：①距离三分线较近投进的三分球；②从篮筐附近投入的二分球（灌篮或上篮等）；③罚球进篮。因此，在设计比赛战术时，设计以上述三种投篮为主的战术打法已经成为近年篮坛的一个常识。

第 10 章

概率分析，增加成功的可能性

合理设定效用与概率

只要多加练习，我们就可以熟练掌握决策树状图的绘制方法。相比之下，如何合理地计算效用与概率才是运用决策树状图的难点。

如前所述，概率分析使用的是历史数据。这就意味着，今后会不会产生相同结果还是个未知数。而且，在实际案例中，概率并不会分布得十分清楚，出现成功概率 40%、失败概率 60% 的情况实属罕见。更多情况下，概率分布会呈现更为复杂的形式。比如，10% 会大获全胜，10% 会取得较大成功，20% 会取得成功，10% 会取得小胜，10% 会出现一些失败，20% 会失败，10% 会出现严重失败，10% 会满盘皆输，等等。所以，准确区分不同情况，对概率作出正确预估绝不是一件轻而易举的事情。

注意数值设定的合理性与说服力

与效用和概率相比，更难计算的是期望值。比如，在计算某一项目的期望值时，我们往往很难将成功时的效用准确地换算为数值，这时也许就不得不做出一些大胆尝试了。但是，这里需要遵守一个原则：要让预估有理有据。比如，我们可以运用资金的净现值（NPV），将效用转换成具体金额。

严格来讲，我们无法准确预测将要发生的事情。所以，审视效用数值设定是否合理及是否具有足够的说服力，就成为计算期望值的关键所在。换言之，在阐述自己计算的期望值时，如果能够拿出十足的依据，就说明我们已经充分考虑到效用数值设定的合理性。

避免过度乐观与悲观

在实际运用概率分析时，还会遇到一个难点。与降雨或不降雨这种自然现象不同，概率和效用往往会因为我们的努力程度发生相应改变。所以，在对概率和效用进行预估时，既不能过度乐观也不能过度悲观。当然，预估自己的实力（技能、工作热情等）时也是如此。可以说，这两种极端的预估方式都不能得到理想的结果。但是，的确也有人会为了那 1% 的可能选择大胆尝试。我们并不否定这种做法，只是在进行挑战前，需要提前思考如何应对失败。

第 10 章

概率分析，增加成功的可能性

京瓷的创始人稻盛和夫就曾表达过：构思方案时要乐观，制订计划时要悲观，付诸行动时要乐观。在我们感到很难把握分寸的时候，是否具有足够的客观说服力就成为一个很好的判断标准。换言之，我们需要通过反省认知，从旁观者的角度对概率、效用和自己进行客观评价。

- **本章技巧适用的场合**

  面对未知挑战，找出所有备选方案并从中挑选最优方案时

- **让你能够胜人一筹的 3 点诀窍**

  ❶ 利用期望值进行思考。

  ❷ 设定一个具有说服力的期望值。

  ❸ 充分利用反省认知从旁观者的角度进行客观评价，避免期望值产生明显偏差。

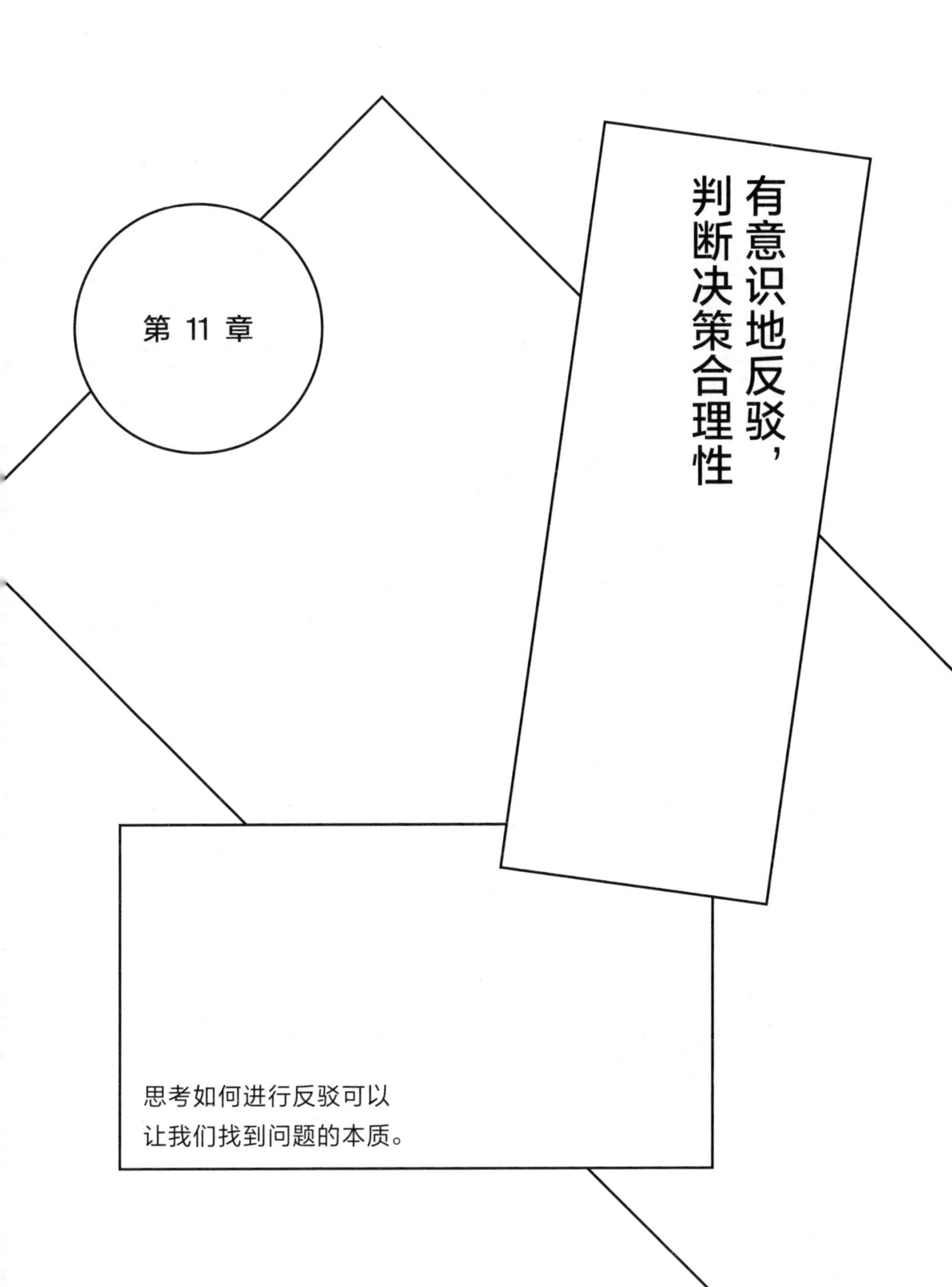

第 11 章

有意识地反驳，判断决策合理性

思考如何进行反驳可以
让我们找到问题的本质。

枪是一种必要
的防身用品。
但实际上，它也
是一种杀人工具。

人并不是被枪打死的，是
被人杀死的。枪只是一个
工具。
你这是在诡辩。

汽车也会造成人身事故，但人们并没
有禁止使用汽车呀。

你忽略了程度的差异。使用汽车利大
于弊，总体上说是有利于人们的生活
的。但是枪的危害远远大于它给我们
带来的好处。

第 11 章

有意识地反驳，判断决策合理性

思考如何进行有力反驳

就开篇漫画中描述的内容来说，其正确的讨论方法是：在双方分别举出支持与反对持枪的所有论据后，我们对其一一进行比较，从而判断出谁的观点更具有合理性。可以说，对别人提出的观点产生怀疑时，我们可以有意识地思考反驳对方观点的论据或案例，这不仅可以在实际工作中发挥作用，还可以锻炼我们的思维能力。

从上述内容可以看出，针对对方提出的某个论据，着眼于程度的对比是一种十分有效的思考方法。假设有人提出，互联网企业（尤其是 Facebook、Twitter 等社交平台）应该加大对恶意留言的监管力度。这时，大家会举出怎样的论据来支持或反对这一观点呢？反方可能会提出这样的论据：负责建设公路或安装电话的施工方，并不会对所有道路或通信内容进行一一监管。所以，互联网企业对所有留言进行监管也是一件不现实的事情。

这时，正方可以作出如下有力反驳：考虑到互联网的特点，信息会一直留在网页上，便于复制粘贴，人们可以轻松地搜索到旧信息，将其与公路或电话相提并论是不合理的。在此基础上，正方如果能够继续进行追述，就可以大幅增强其论述的说服力了。比如，“放任恶意留言对社会产生的危害程度不能与交通或电话同日而语”等。

让我们再来思考一个关于减税的案例。如果正方有人提出，报纸是生活的必需品，并以此为论据，呼吁应该调低报纸的消费税（将税率调回至8%）时，大家又会作何反应呢？在这里，首先应该关注的问题是生活必需品的定义。相信很多人都能理解，将食品的消费税维持在8%，是因为它属于生活必需品。但如果说报纸也同样属于生活必需品，大家就会感到有些不能接受了。更何况，对于女性来说，生理用品应该属于生活必需品，但是，其消费税仍被提高到了10%。

通过这样的比较我们就可以看出，将报纸的消费税定为 8% 确实缺乏合理性。

当然，在这个案例中，反方还可以继续作出更有力的反驳。比如，在日本，报纸是监督国家政府的一种媒体。如果将报纸的消费税调回至 8%，就意味着报社受到了当前政府的恩惠。这样一来，报纸的社会责任就难以得到很好的履行等。综上所述，我们应该针对对方论据的合理性提出疑问，在此基础上，找出其他论据加以反驳，从而提高论述的说服力。

通过寻找论据中的不合理之处判断问题本质

在商店或饭店等消费场所结账时，如果应付金额是 546 日元，有人就会付给收款员 1 101 日元（我也会采取这种付款方式）。其目的就在于，这样做可以让收款员找给我们 555 日元，使得到的零钱比较整齐。

但是，有些人则不喜欢这种付款方式，甚至对此感到反感。特别是在没有自动收款机而需要用计算器计算找零的时候，这种倾向会变得更加明显。这些人给出了如下理由：

“借助付款进行换钱的做法，是一种自私且会给他人造成不便的行为。”

“这种人以自我为中心，缺乏社会责任感。”

一些过激的人甚至会说：

“如果我是那位收款员，我就会还给那顾客 101 日元，只拿 1 000 日元。然后，用 1 000 日元减去 546 日元，找给他 454 日元。”

那么，大家面对这种说法，又会进行怎样的反驳呢？

如果是我的话，我可能会这样说：

“这在本质上与应付 901 日元时递给收款员 1 001 日元是一样的呀！你难道也不能接受这种付款方式吗？难道这时你也会先还给顾客 1 日元，然后找给顾客 99 日元吗？”

这样一来，相信上述提出反对意见的人就无法进一步进行反驳了。

其实，这个案例说明的问题本质在于：大多数人不擅长 5 日元、50 日元及 500 日元的进位加法（或退位减法）。尤其在这些金额同时出现时，进行心算就更是无从下手了。所以，在应付 546 日元时，人们还能勉强算出可以付 551 日元（找零 5 日元），而要算出付 601 日元（找零 55 日元）的话，大多数人就会感到费劲。可想而知，付 1 101 日元，这些人根本计算不来。

对别人的论据产生怀疑时，如果我们能用简明的例子说明其论据根本不能从本质上证明其论点，就可以给予对方有力的一击。

选择与对方不同的角度看问题

在分析问题时，选择一个与对方不同的论据、视角或立场也会收效显著。近年来，越来越多的大学在聘用老师时，用短期劳动合同代替了无固定期限劳动合同（终身雇用）。

签署了短期劳动合同的老师，如果在工作期间没能做出任何研究成果，大学一般不会与其续签。不可否认，这种做法确实可以达到降低成本等目的。但是，如果站在被雇用者的立场对这种做法进行反驳，大家会给出怎样的论据呢？

“在短时间内对基础研究进行评价，要求做出研究成果的评价方法本身就不合理。”

“培养人才时，不能考虑短期成本，要将其视作一种长期投资。”

“只有在稳定的工作环境中才能潜心研究。”

相信大家还可以举出更多的反对理由，但这里的关键在于：绕过对方的理论前提，选择一个截然不同的视角。比如，在这个案例中，可以将雇用方的理论前提归纳为：激烈竞争可以孕育出更有价值的研究成果。这时，如果我们切换视角就会发现，科学研究具有极大的不确定性。而雇用方的理论前提恰恰就不适用于这种充满了不确定因素的事物。

我们还可以将上述方法论总结为：避免与对方站在相同的角度看问题。包括商业活动在内，社会的各个领域都存在着大量相互对立的事情，比如短期与长期、国家利益与个人利益、消费者利益与员工利益等。这些事情往往很难两全其美。我们恰恰可以利用事物的这一特性，从另一个角度切入问题，从而有效打乱对方的思路。

- **本章技巧适用的场合**

  思考如何进行有力反驳或进行思维锻炼时

- **让你能够胜人一筹的 3 点诀窍**

  ❶ 抓住被对方忽视的程度问题。

  ❷ 寻找论据中的不合理之处，增加思维深度。

  ❸ 选择与对方不同的视角看问题。

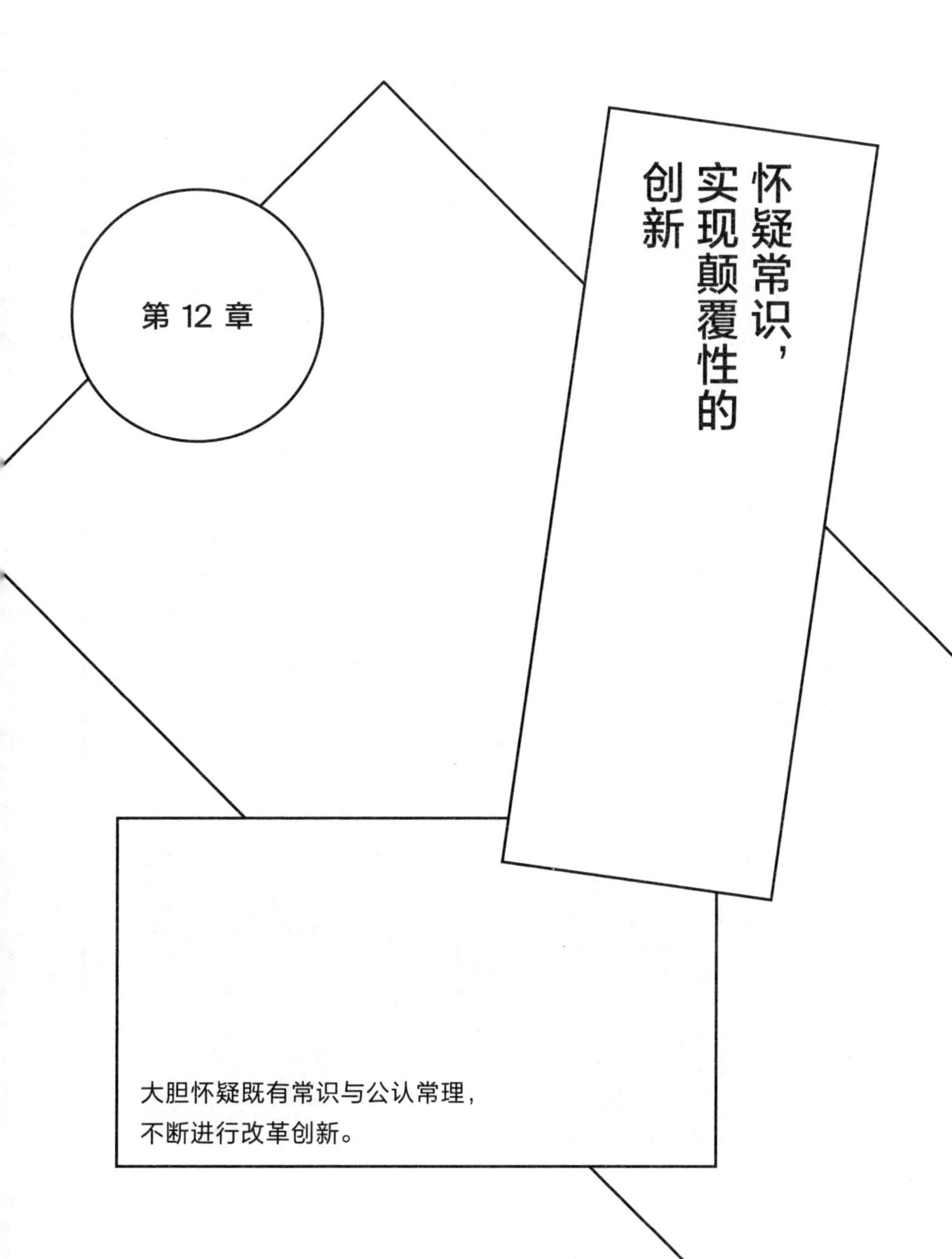

第 12 章

怀疑常识，实现颠覆性的创新

大胆怀疑既有常识与公认常理，
不断进行改革创新。

电风扇需要扇叶才能旋转送风。

电风扇真的需要扇叶吗？

第 12 章

怀疑常识，实现颠覆性的创新

人们会在无意识间设定一些默认的前提

通常，人们认为常识是一个非常便利的工具。比如，日本毕业生在求职时，大多数人会穿墨黑色或藏青色的西装。记得我在上学的时候还有更多的颜色可以选择，但不知从什么时候开始选项就逐渐统一为这两种颜色了。这是因为，为了避免不必要的风险，个人会选择与大多数人同步。但这种从众心理根深蒂固之后，想要摆脱就会变得十分困难。

不可否认，常识也有它的好处。借助常识，我们可以省去多余的思考，简化思维过程。

开篇漫画就展现了一些品牌的电风扇开发负责人也没能

摆脱常识的束缚，将扇叶旋转当成了电风扇送风的必要条件。不难想象，只要遵循这个常识，我们就能保证电风扇顺利送风，制造起来也比较容易。可以说，这些研发人员是在保证了送风的基础上，才着手研究产品特色的。而戴森则开发出了一款没有扇叶的电风扇，将这一创新产品打入了现有市场（虽然其价格不菲），并且赢得了一部分消费者的高度青睐。

如果大家能摆脱常识给我们带来的束缚，就有可能实现颠覆性的创新。只要有了这种突破，我们开发的产品就很有可能在市场中脱颖而出。这种对常识进行怀疑的方法论得到了人们的广泛提倡，是运用水平思考法[①]激发创新性思维的一个要素。

积极听取年轻人、外乡人和“另类人”的意见

在进行乡村振兴等工作时，人们普遍认为，积极听取年

① 由英国心理学家爱德华·戴勃诺博士提出。这种类型的思考法是指在思考问题时摆脱已有知识和旧的经验约束，冲破常规，提出富有创造性的见解、观点和方案。——编者注

轻人、外乡人及“另类人”的意见有助于改革创新。这种方法也广泛适用于其他社会活动。

正是因为年轻人的人生阅历较少，他们的思维还没有被风俗习惯和一些思维定式完全束缚住。在进行思考时，年轻人的思维就会显得更开阔，创意也会更多。

外乡人对于某个村镇来说就相当于一个局外人。局外人的思想自然不会被当地的集体组织或常识所支配。同样，这个原理也适用于企业。企业外部人员或外籍员工的思维方式就尚未受到企业内部或本国员工思维中的既有常识的侵蚀。

“另类人”，也许这个叫法有些不太文雅。但是，这里说的“另类人”是指会运用常识以外的思路进行思考的人。也许这些人有时会被人指指点点，但他们一旦进入状态就会想出很多好主意。

如果能将以上这三类人请到公司，共同讨论问题或者听一听他们的意见，我们就有可能得到一些普通人不能接受的想法或是让人“目瞪口呆”的创意。这时，我们不应该马上将其否定，应先诚恳地听一听他们的具体理由再作判断。

我曾经被一个十几岁的年轻人问道：“在日本，为什么很多杂志和书都是竖版印刷的呢？特别是文库本（日本的一种小型平装图书）。”当时我就回答：“因为竖版印刷方便阅读。”结果那个年轻人却说：“我们习惯在手机上阅读文章，所以觉得横版印刷更好读。”可以说，像我这种50多岁的人是完全不会有这种想法的。

有意识地使用逆向思维

下面介绍一种使用逆向思维的思考方法。这种思维方法可以简单归纳为：开发某种新商品或面对一些工作任务时，首先逐条列出该对象的所有特性，然后，尝试对这些特性一一进行否定。通过这种逆向思维，寻找颠覆常识的可能。下面就以咖喱为例，具体演示一下运用这种思考方法的过程。首先我们需要用“咖喱是××”的句式写出几条咖喱的特性。

- 咖喱是辣的。

- 咖喱是黄色系的食物。
- 咖喱是在午饭或晚饭时吃的。
- 咖喱是浇在米饭或涂在馕上吃的。
- 咖喱是将肉和蔬菜混在一起煮的。
- 咖喱是用勺子吃的。
- 咖喱是高热量的。
- 咖喱是不会做饭的人也能做好的一种料理。

接下来，就让我们尝试想出一种新式咖喱，使其拥有一些与上述特点完全相反的特性。比如，我们可以试着推翻“咖喱是在午饭或晚饭时吃的”这一常识，说不定就能开发出一种“早餐咖喱”并将其推向市场。虽然在早上吃咖喱还没有成为饮食文化的主流，但给消费者提供了这种新吃法之后，现有的产品市场就有可能得到扩大。

同样，我们还可以从“咖喱是浇在米饭或涂在馕上吃的”这一特点入手，想一想能不能开发出一种可以单独吃的咖喱，抑或是适合与谷物早餐等其他主食搭配在一起的咖喱。说不定，我们就会由此开发出更具新意的产品。

此外，如果将目光投向图书和杂志就会发现，有声读物最近颇受大家的欢迎。可以说，有声读物打破了“书是需要用眼阅读的”这一常识，利用“听书”这一创新理念，为读者提供了一种新型阅读方式。同理，如果盲文图书能够得到进一步发展和创新，也许我们就可以开发出一种可以用触觉阅读的立体读物。除此之外，用虚拟现实技术（VR）体验图书或杂志也是一个很好的创新理念。可以说，这项技术只要能够做好成本控制，消费者就会对这种体验产生较高需求。

尝试同时打破多个常识

为了创造出更具震撼力的创新理念，人们提出了不少方法论。“同时打破多个常识”的方法就属于其中的一种。其实，我们只要将不同性质的物体或事物进行组合，或是尝试将看似没有关联的事物拼接在一起，就有可能创造出一些新的理念或新的事物，“创新”一词的本义就是事物的重新结合。从某种意义上讲，同时打破多个常识的方法就是普通创新的一个升级版。

第 12 章

怀疑常识，实现颠覆性的创新

接下来，我们就以日本偶像组合 AKB48[①] 和便利店的现磨咖啡[②]为例，具体讲解如何同时打破多个常识。首先，让我们试着将上述两个事物进行组合。这时，有人也许就会想到，可以将咖啡的口味增加到几十种，对价格进行调整之后每天轮换销售这些不同口味的咖啡。不可否认，在现有的运行模式下实现这一创举确实存在一些困难。但是，只要我们不懈思考，努力寻找将不可能变为可能的办法，就可以得到一些意想不到的突破。

同样，如果我们将回转寿司和“俺的意大利料理”组合在一起[③]，也许就能打造出一个“五星级回转快餐”。这种餐厅可以大大缩短用餐时间。一般意义上的高级食材会经传送带送到顾客面前，顾客只要站在传送带附近就能用餐。虽然要想实际运营这种餐厅还需要下一番功夫，但如果能够找到恰当的解决方法，这种“五星级回转快餐”也不失为一种别

---

① 该组合有数十名成员。以往的偶像组合，人数最多也不会超过十人，且与观众保持着很远的距离。但 AKB48 就打破了这些既有常识。

② 打破了廉价咖啡一般都不好喝的常识。

③ 回转寿司属于一种新型餐饮形式。“俺的意大利料理”则是一家日本高级连锁餐厅。

出心裁的餐饮形式。

其实，在网上搜索“打破常识的商品”等关键词，可以找到很多类似的案例。经常参考这些案例可以激发大脑活力，使大脑得到有效锻炼。

- **本章技巧适用的场合**

  开发独创产品及服务时

- **让你能够胜人一筹的 3 点诀窍**

  ❶ 听取不同人的想法，有助于创新。

  ❷ 将特性转化为文字，运用逆向思维寻找突破点。

  ❸ 尝试同时打破多个常识。

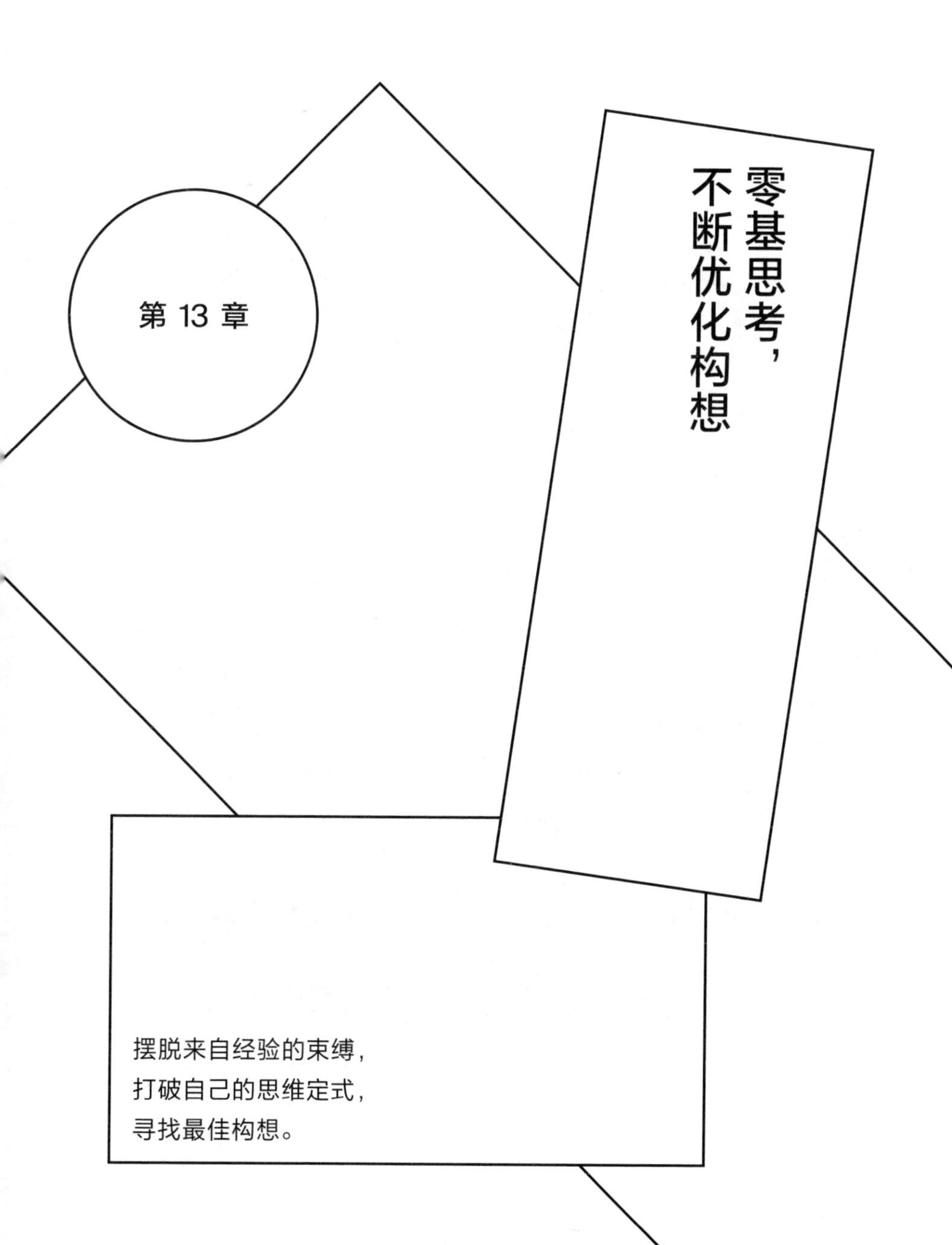

第 13 章

零基思考，不断优化构想

摆脱来自经验的束缚，
打破自己的思维定式，
寻找最佳构想。

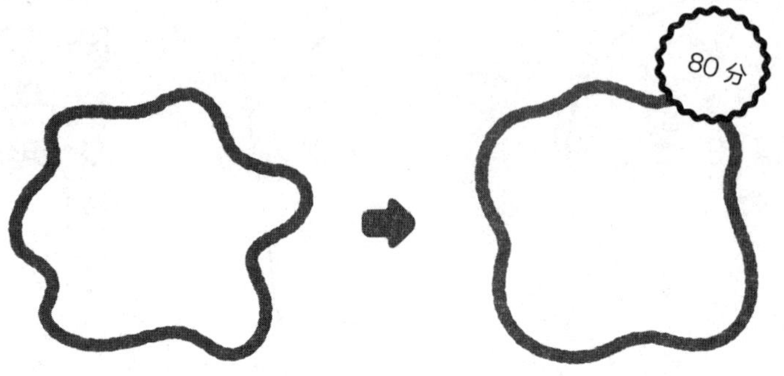

原理、流程及规则等事物的原始状态

以原始状态为基础，进行小幅度调整后

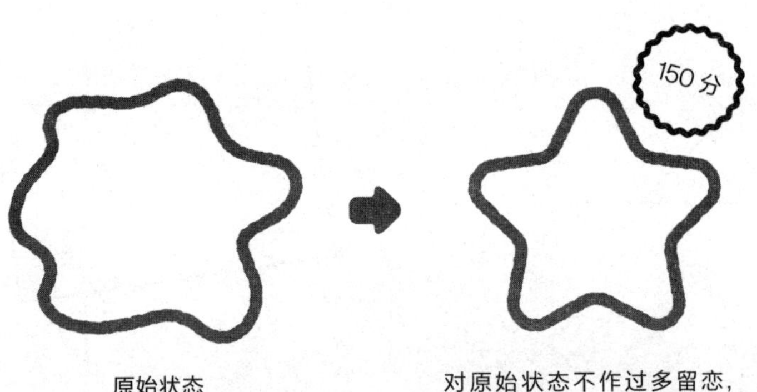

原始状态

对原始状态不作过多留恋，通过零基思考构筑新体系，以寻找该事物的最佳状态

第 13 章

零基思考，不断优化构想

真正能做到零基思考的人寥寥无几

在构思新方案时，大多数人会参考以往的处理方法或在原有模型的基础上加以改良、改造，将其变为一种新事物。

比如，在修改人事制度时，如果将现有制度全部废弃，从零开始建立一套全新的制度是绝对来不及的。在制作策划案时也是如此。如果将之前讨论的内容全部舍弃，从零开始设计一个全新的方案也极其困难。虽然也存在一些特殊情况，但通常来讲，利用历史方案或曾经思考过的内容来设计某一新构想的做法具有普遍合理性。

然而，这种做法也有弊端。比如，很难实现创新，很难跟上时代的发展，等等。

在这个飞速发展的时代，过于拘泥于既有事物会影响我们创新。依赖既有事物能让我们设计出比较好的或是还不错的方案，却很难让我们发现最好的或是绝佳的方案。因此，当我们需要在制度上做出一些大胆创新时，暂时将既有制度放在一边，运用零基思考进行探索才可以有效提高成功的概率。

其实，零基思考与第 12 章多次提到的“怀疑常识”及“摆脱常识的束缚”等类似概念有着紧密的联系，二者可谓同一概念的两个方面。

明确最终目标

明确最终目标，是进行零基思考的第一步。就上述修改人事制度的案例而言，如果将目标模糊地理解为“进行制度的大幅度调整”，那就是本末倒置了。比如，使企业可以更好地适应数字化转型，成为一个具有国际竞争力的企业等内容才可以作为修改制度的最终目标。可以说，不能做到准确地把握最终目标，通常就不会得到令人满意的结果。

准确把握最终目标的有效方法是与相关人员进行磋商，除非是自己一个人就可以完成的事情，比如一些私人事务或是自己一个人就可以决定并完成的工作等。但是，在完成一项工作时，我们通常是需要和周围的人进行互动的。因此，尽早与领导及其他相关人员就此项工作的目标达成共识，时刻将最终的目标牢记在心就变得尤为重要了。如果情况发生变化，必要时也须及时对目标进行调整。为了做到这一点，我们可以将目标写在纸上或输入电脑，以便更直观地进行确认。

值得注意的是，最终目标可以细分成若干小目标。在很多情况下，面对一个相同的最终目标，每个成员侧重的小目标是不一样的。如果从一开始就试图达到全部统一，反而会使我们浪费掉大量的时间。所以，我们就最终目标达成共识之后，需要求同存异，一边推进工作，一边进行调整。

不断追求更好

在实际工作中，可能没有人会要求我们做到最好。在多数情况下，企业需要的是能够不断交出 70 ～ 80 分答卷的人才。但是，如果只停留在这个水平，那他只能成为众多优秀商务人士中的一个。虽然不同工作需要不同对待，但有时我们还是需要有意识地为追求更好而做出一定的努力。

为了做到这一点，我们需要在实际工作中时刻提醒自己：这个结果会不会不是最好的答案？通过与自己进行这样的对话，我们才能够发现其中的缺陷和需要完善的地方。在找到问题后，只要我们能够对症下药，将不足之处逐个进行改进，工作的整体质量就可以得到大幅提高。但是，仅凭这些努力，我们只能将自己交出的答卷从 80 分提高到 90 ～ 95 分。如果要交出 150 分的“超级”答卷，我们还需做出进一步的努力。

发现自己有所妥协就要尝试零基思考

为了能够继续有所突破，我们还可以通过询问自己“是

否有所妥协”来寻找需要进一步改善的地方。一旦发觉自己作出了妥协，接下来就需要发挥自觉性，将自己已经完成的部分暂时放在一边，运用零基思考尝试一切从零开始。

当然，这也是一场与时间的角逐，频繁地从零开始会降低工作的效率。但是，在已经隐约发觉还有更好的处理方法却感到自己有所妥协时，从零开始或许可以节省未来的时间，把我们失去的时间有多无少地补回来。

而在这个环节中，反省认知就会发挥重要的作用。反省认知，可以让我们站在客观的角度审视自我能力与思维习惯。换言之，在发现自己有所妥协时，客体自我就会鞭策我们继续努力前进。

此外，借助他人力量，也可以让我们及时发现自己工作中存在的问题。当工作进行到一定程度时，我们可以请同事或朋友一起审核一下我们的工作质量。问一问他们是否认为这个结果已经充分发挥了我们的实力，当然要在遵守公司保密协议的前提下。如果对方是我们十分信赖的人，而又给出了否定的回答，这就意味着此时是进行零基思考的一个好时机。与此同时，为了能够获得一些具体建议，我们可以直接询问对方哪里出现了问题，或让对方看一看其中是否存在某种思维定式。

摆脱沉没成本的束缚

如果在工作接近尾声的时候才去询问别人的意见，即使得到了否定的回答，我们也很难将已经付出的努力全部舍弃。这种心理被称为对沉没成本的留恋。沉没成本是指已经产生的，但不会对未来结果产生任何作用的成本，包括金钱、时间及精力。而这种成本通常会对我们形成一种思想束缚。

就图书的编写工作来讲，有时这项工作能花费作者几个月的时间。估计没有几个作者能够做到在写到结尾时舍弃已经完成的全部内容，一切从零开始。因此，我们需要找准时机，在没有投入过多沉没成本的时候，有意识地进行自我反思或通过向他人征求意见来发现问题。只有这样才能避免出现不可收拾的结局。就编写图书而言，完成选题策划或写完图书前几页的时候，就是进行自我反思或向他人征求意见的好时机。

同样，进行项目管理和定位预期客户时也是如此。如果在投入了大量时间和精力后才发现，其中存在着很高的失败概率，我们受到的打击自然就会很大。因此，我们需要准确把握大胆创新与排除高风险因素之间的平衡。

此外，对事物进行合理化解释也是一种被沉没成本束缚的形式。这种情况是指，在发现问题时，人们会不由自主地给自己找理由，试图将之合理化。

对事物进行合理化解释，是人类为了维持平稳心理状态的一种自然反应。从某种意义上讲，这也是人类与生俱来的一种本能。因此，试图抑制住这种心理活动并非轻而易举之事。但是，正因为很难做到这一点，我们才更需要提高自制力，培养不会随波逐流的思维定力。

● **本章思考工具的最佳使用时机**

摆脱以往经验与沉没成本的束缚，追求做到更好时

● **让你能够胜人一筹的 3 点诀窍**

❶ 明确最终目标是进行零基思考的第一步。

❷ 通过反省认知审视自我并巧妙地借助他人力量。

❸ 时刻提防沉没成本的束缚，努力寻找最佳方案。

第 14 章

改变思路，挖掘潜在机会

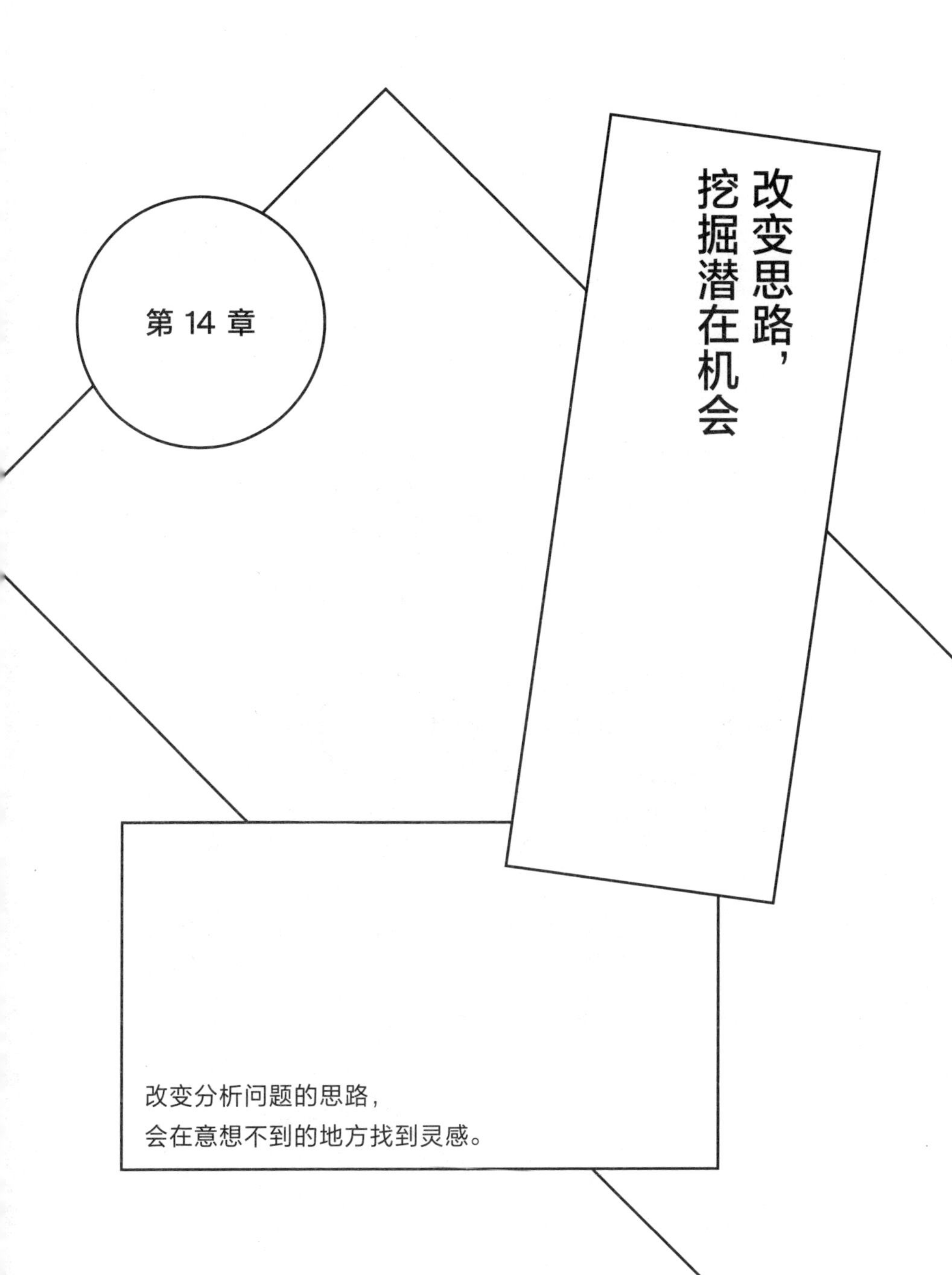

改变分析问题的思路，
会在意想不到的地方找到灵感。

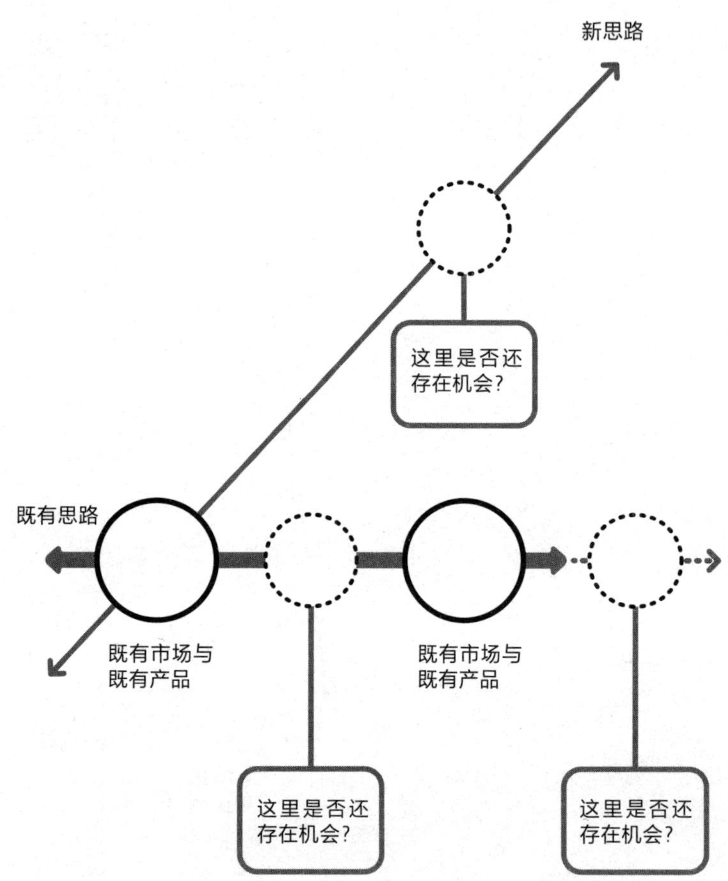
新思路
这里是否还
存在机会?
既有思路
既有市场与
既有产品
既有市场与
既有产品
这里是否还
存在机会?
这里是否还
存在机会?

第 14 章

改变思路，挖掘潜在机会

改变思路，寻找新商机

作为在同类事物中相对位置的一种体现，任何事物都可以在一定程度上用数值或“大、中、小”进行定位。比如，我们可以对罐装咖啡从糖度、咖啡因含量、咖啡豆的酸度与烘焙程度、果香及浓郁程度等不同方面进行评价。

同样，在评价某一部电影时，除了影片长度、演员阵容及导演知名度等可以用数值进行衡量的因素外，那些十分精通电影的人还可以从场面调度、画面和配乐等方面展开评价。

其实，以上列举的这些因素也可以被称为分析问题的

“思路”。有时，将思路从范围上进行或大或小的调整后，我们就会在意想不到的地方找到某种新的方法论或新产品、新服务的灵感。

在产品的既有范围内寻找市场空白

在改变思路之前，我们首先要在某项服务或某种商品的既有范围之内寻找市场空白。下面就以上述罐装咖啡为例，展开具体说明。

在我小的时候，日本大部分罐装咖啡都是含糖的，而且普遍比现在的普通罐装咖啡要甜。但我记得，当时不含糖和牛奶的黑咖啡也颇具人气。

然而，不知大家是否已经注意到，如今日本市面上还可以找到一大类既不是全糖咖啡也不属于黑咖啡的罐装咖啡饮料。没错，这就是我们经常提到的微糖咖啡。据估算，微糖咖啡的市场占比与黑咖啡几乎不相上下。回顾其历史我们就可以发现，微糖咖啡的市场规模是从 20 世纪后期至 21 世纪初期逐渐扩大起来的。最早问世的微糖咖啡，是可口可乐公司在 1997 年推出的微糖型“佐冶亚 ZOTTO”。

最初，微糖咖啡并没有马上被人们所接受。喜欢喝全糖咖啡的人觉得它甜度不够，而那些真正喜爱黑咖啡的人又觉得它味道有些不伦不类。但是，适逢日本掀起了养生热潮，微糖咖啡就机缘巧合地在 40 多岁的男性咖啡族中先赢得了市场。这一消费群体十分注重养生，既希望减少糖分的摄入量，又觉得黑咖啡确实苦得难以入口，因此，他们就将目光投向了微糖咖啡。同时，糖度低就意味着一天可以喝上好几杯，这也成为微糖咖啡的一个亮点。此后，微糖咖啡的人气不断升高，市场规模也随之迅速扩大起来。

我曾经向某个无醇饮料的生产商询问过各种咖啡饮料的市场分布情况。对方给出的答案是，黑咖啡和微糖咖啡的顾客群体基本上没有太多重叠。换言之，就某一特定消费者来说，他一般不会有时买黑咖啡，有时又买微糖咖啡。所以，平时喝黑咖啡的人基本上总会选择黑咖啡，而喜欢微糖咖啡的人也几乎每次都会买微糖咖啡。

没有人能够解释清楚，为什么在全糖罐装咖啡问世后的几十年里，一直没有生产商尝试推出微糖咖啡。回顾其发展历程我们发现，也许是因为人工甜味剂的口感在当时还没有达到一定水平。但不管原因究竟如何，微糖咖啡的实际问世就证明了：市场需求往往出现在意想不到的地方。

类似的案例还有很多，比如各式各样的五分袖和七分袖衬衫。这种商品的出现就填补了短袖和长袖衬衫的市场空白。分析其中的原因我们就会发现，日本气候向来四季分明，不同季节的气温和湿度也相差很多。这种气候环境恰恰就给这些中等袖长的衬衫提供了一个有力的潜在市场。同理，在未来的市场上，说不定还会出现六分袖等其他袖长的衬衫。

将产品的既有范围向两端延伸

大胆尝试将既有思路的范围向两端扩展，同样可以给我们带来很多收获。这里涉及的思维方法与著名的蓝海战略有着相通之处，二者都将重点放在了大胆寻找未知领域的商机上。下面介绍几个相关案例。

让我们再回到罐装咖啡的话题上。如果我没有记错，日本千叶县有一种名为“MAX 咖啡”的特产，虽然这种咖啡属于一种利基产品，但其成功地推翻了人们对咖啡含糖量的既有认知，将甜度提高到了最大限度，打造出了一款名副其实的“MAX 咖啡”。

此外，现今在日本已经变得家喻户晓的慈善节目《24 小时电视：爱心救地球》，也在节目时长方面作出了前所未有的突破。按照相同的思路，或许今后推出一档 48 小时的电视节目也不会是天方夜谭。

同样，日本瑞可利集团公司发行的信息类杂志也是一个很好的实例。这类杂志将广告以新闻的形式呈现给读者，大幅度提高了其广告费占销率，在行业中可谓是一项创新之举。

类似的案例还有很多。比如，最近美国职业棒球大联盟中就出现了一种只负责投首局的先发投手，人们称其为“开球投手”（opener）。熟悉棒球的人都会知道，以往的先发投手最少也要投满 5 局，投至第 6 局仍能将自责失分控制在 3 分以下的先发投手则被称为“优质先发”。作为先发投手，优质先发会受到人们的大加赞扬，可谓给球队交出了一份令人十分满意的答卷。由此可见，设置开球投手的战术，就是摒弃了人们关于先发投手的这种传统观念，将其负责的球局缩减到了最少。虽然现阶段还不能预测这种战术能否盛行起来，但相信其发展前景还是十分广阔的。

需要注意的是，无论是在既有范围内寻找潜在机会，还是对既有范围进行扩展，找到一个适宜的调整方案并非一件手到擒来的事情。在寻找某一事物的突破点时，我们需要在全面了解其既有要素（思路）的基础上，静下心来慢慢思考。

从“不可能”中提炼新思路

作为调整既有思路范围的一种升华，寻找新思路的思维方法经常会出现在各种市场战略理论中。人们通常将这种思维方法归纳为：寻找新的有力卖点。可以说，如果能够将此思维方法与上述蓝海战略进行巧妙结合，我们就可以开拓出一片真正没有竞争的“蓝色海域”。

比如，在 21 世纪初曾经风靡一时的 iPod 就是一个极具代表性的实例。苹果公司推出的这款新型音乐播放器，跳出了音质、CD 的按键功能设计及其他既有卖点的激烈竞争，将海量曲库、时尚外观及便捷的界面设计这三个全新的卖点导入了音乐播放器领域。这一创举使 iPod 得到了用户的广泛好评，并由此迅速占领了市场。

类似的成功案例还有日本三仪公司在 20 世纪 90 年代中期推出的一个名为“APGARD”的牙膏品牌。该品牌牙膏主打美白效果，在业界掀起了一股全新的热潮，并成为畅销商品。而观察以往的牙膏市场就会发现，其他品牌力推的功效大多集中在除牙垢、防蛀牙及清洁牙缝等传统作用上。

同样，2019 年在日本热销一时的珍珠奶茶也是如此。在其拥有的多个卖点中，抢眼的卖相很好地迎合了人们“打卡”的需求，成为该商品得以热销的关键。其实，餐饮业向来重视商品及其服务的视觉效果。比如在日本，以高级日本料理为代表的传统菜系，就一直十分重视自己的菜品能否让顾客得到感官的享受。现如今，发布图片已经成为在社交网络发布信息的主要手段，就连这些老牌餐饮店也没有想到，人们会为了“打卡”而如此在意能否拍出一张精美的美食图片。毋庸置疑，珍珠奶茶就是凭借其夺目外观，创造出了一种网络时代特有的消费需求，并由于这种新需求而成为爆款。或许，下一个爆款就来自一段精美视频。

独创性产品具有深不可测的市场潜力，然而，寻找新思路要比在既有思路上进行调整更费时费力。想要在市场上占据一席之地，就要通过参考成功案例等方法努力进行创新。为了将不可能变为可能，我们需要深入思考、不懈追求，最大限度地调动自己的想象力。

- **本章思考工具的最佳使用时机**

  寻找新方法、新商品及新服务的灵感时

- **让你能够胜人一筹的 3 点诀窍**

  ❶ 关注产品既有范围内的市场空白。

  ❷ 在产品既有范围之外寻找新商机。

  ❸ 提炼新思路。

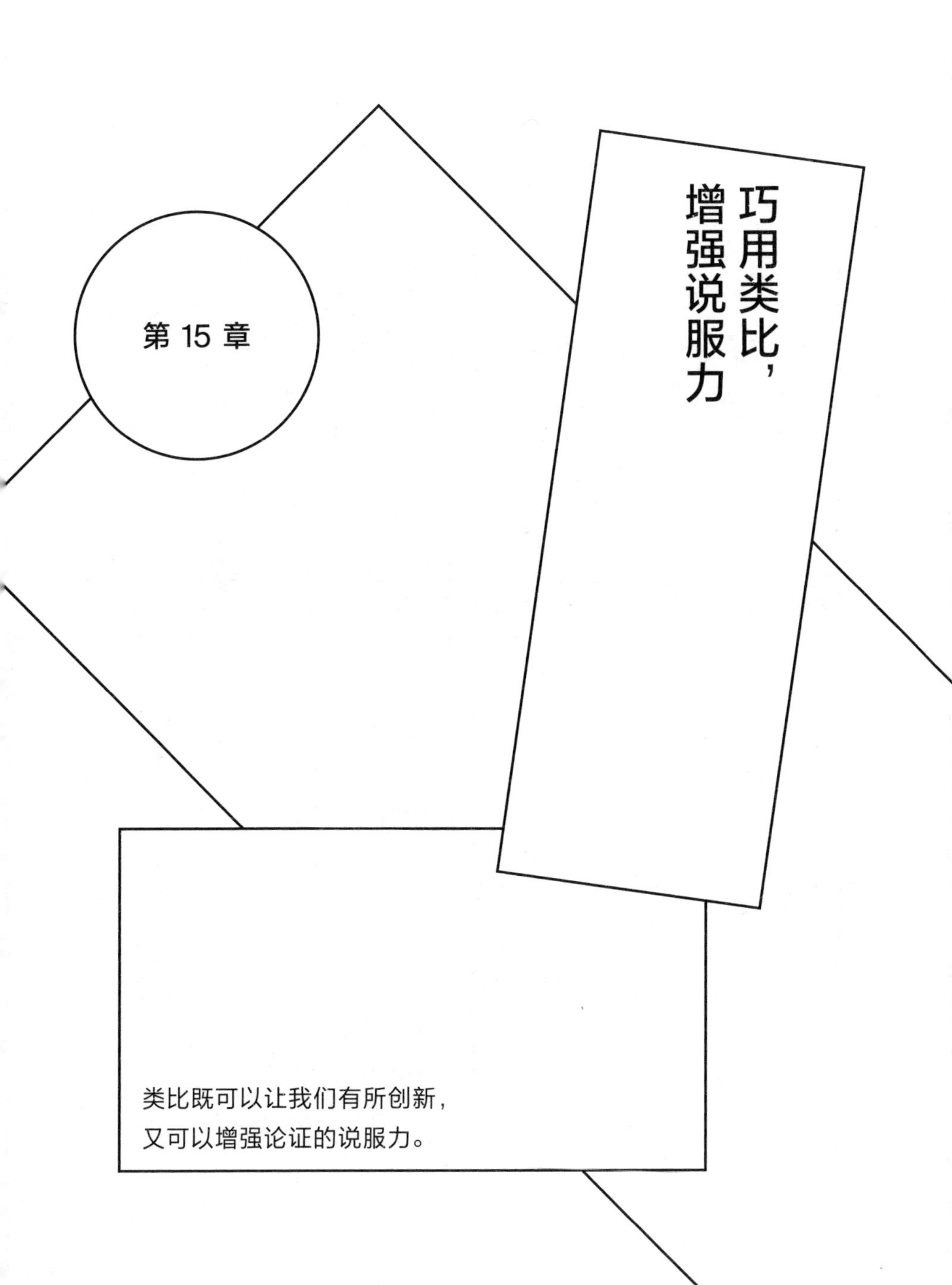

第 15 章

巧用类比，增强说服力

类比既可以让我们有所创新，
又可以增强论证的说服力。

我觉得，计算整个东京的收视率时，只抽样调查700个观众是不够的。
你自己做饭吗？

有时做。您问这个干什么？
那我问你，你做汤时为了尝咸淡，会把整锅汤都喝了吗？你不觉得搅拌几下之后，只尝一口就行了吗？

这就叫抽样。只要搅拌均匀，尝一口就可以知道整锅汤的味道了！
您说的确实很有道理……

那你的拿手菜是什么？
咖喱。
您为什么问这个？
我跟你说，我的拿手菜是“乱炖”，可好吃了！

第 15 章

巧用类比，增强说服力

类比可以使抽象问题具体化

通过类比进行思考，可以帮助我们对问题形成具体且形象的认识。这种思考工具与第 16 章、第 17 章介绍的“利用模型分析问题”有着紧密的联系。

让我们看一个简单的案例。人们经常会说，“生存的法则并不是弱肉强食，而是对环境的适应”。这句话套用在商业领域时，通常指的是企业与人才的生存法则。

其实，这句话起源于生物学的进化论。自然淘汰的压力在数亿年的漫长岁月中积累了无穷的力量，即使是最“强”的物种，只要没能承受住这一法则之压，就会立即被淘汰出局。恐龙就是一个典型的例子。这一物种虽然一度统治了陆地与天空，却因为一场气候变化，在极短的时间内灭绝了。以个体为单位，将蟑螂与恐龙进行对比时，蟑螂显得极其弱小，简直不值一提。但是，这一看似弱小的物种却有着极强的环境适应力，不仅先于恐龙数百万年出现在地球上，而且至今还生生不息。

作为一名企业经营者，如果能在平时就对现实中的现象作出诸如此类的类比，他就能够及时地作出反思，思考自己的公司是否已经具备了足够的环境适应力。而思维更加敏锐的人，则会进一步思索将要发生的变化及其应对方法。值得指出的是，进化论认为，各个物种并不是由于对环境作出了某种适应才得以延续下来。针对此问题，这里暂时不作深入探讨。

大量储备类比素材

在论述某一观点时，如果仅使用一个类比对象进行说明，我们就很可能引来听者对其普遍适用性的怀疑。这时，如果再补充几个其他的类比素材，我们的说服力就会大大增强。

接下来，让我们看一个比较贴近生活的素材。比如，体育运动类素材就比较通俗易懂。在我小的时候，职业棒球是一项极具人气的体育赛事。但随着职业足球和职业篮球的出现，有相当一部分棒球球迷将目光转向了这些新兴体育项目，这导致棒球竞技人口出现了逐年下降的趋势。如今，已经很难在电视上看到职业棒球比赛的转播了。

其实，这一社会现象的出现不仅缘于人们爱好的多样化，还受到了一些其他因素的影响。棒球事业蓬勃发展，可是相关建设工作没有跟上，青少年很难找到可以练习棒球的场地。一些地方政府还出台了禁止在公共场所进行棒球运动的条例，租用专业场地间接地导致了家长经济负担的增加。随着时间的推移，这项运动也就渐渐远离了人们的日常生活。这些社会环境的变化就是被人们忽视的重要因素之一。此外，当时棒球比赛的电视解说，经常会强调职业球队和业余球队缺乏合作等负面信息，而且解说用语的专业性过强，没有考虑到普通观众的实际接受能力。可以说，这种消极的解说方式也加快了棒球热潮消退的速度。

综上所述，平时积累的这些素材，既有助于我们进行决策，又可以成为我们增强说服力的材料。换言之，这些素材可以帮助我们利用在某个行业发生的某种情况来解释另一行业出现的相同现象。为了储备更多的素材，我们需要养成积极思考的习惯。也就是说，在听到某一信息或看到某一现象时，我们要有意识地分析其中蕴含的启示。在总结启示时，不求面面俱到，但求点点到位。

选择可以让对方“心动”的类比

下面就以电子书（还包括通过电商销售的各种形式的图书）的在线试读功能为例，围绕类比是如何增强说服力的这一问题进行具体讲解。在线试读是一种营销方式，就是将图书的其中一部分内容免费开放给读者阅读。大家可能都使用过在线试读的功能，但是，确实还存在一部分作者对这种营销方式感到反感。那么，如果站在出版社的立场，大家会如何说服这部分作者呢？

如果我们只是一味强调“如今不让读者在线试读是卖不出去多少书的”，相信没有几个作者会为之心动。如果这时作者反将营销的责任推给了出版社，事情就背道而驰了。在这种情况下，使用类比就能得到很好的效果。大家可以看一看下面这种说服方式。

“您（指某书作者）在书店买书时，一般会如何挑选图书呢？”

“大概就是看一看作者和封面的宣传语，还有目录什么的。”

“我也是。那别的地方您不看吗？”

“再有就是翻一翻序言或前言部分吧。”

“也就是说，您在买书时也会稍微看一看里面的内容？”

“……也可以这么说吧。”

“其实，在线试读就是把您在买书时进行的这些前期工作放到线上进行的一种营销方式。如果不给读者提供一部分可以免费试读的内容，读者也无从判断要不要购买这本书呀。”

……

当然，只凭上述几句话也许不能真的说服该作者，但相信大家已经领会了这里想要表达的中心思想。

不言而喻，类比要选择通俗易懂的事物。尤其是在社会组织里，讲得越通俗，就能吸引越多的成员加入讨论。

我在很久以前曾观摩过一堂金融专业的课。课上有一名学生问老师:“什么是协方差？”那个老师给出的回答是:“简单来说，类似于余弦（cos)。”可以说，这位老师的回答绝对没有错。但是，用一个数学名词（而且，这个数学名词对于一个不擅长数学的人来说，并不是一个简单的概念）解释另一个数学名词的这种回答方式，是无法起到很好的说明效果的。在选择类比素材时，也许我们很难判断对方的接受能力。但就我的经验而言，在讲解这个问题的时候，如果将听众当成高中生，将能够得到最广泛的理解。

通过核心特征举一反三

类比可以在我们进行创新时发挥巨大作用。换言之，这是利用事物的核心特征举一反三的一个过程。下面，我们就以制作商业提案为例展开具体说明。

现在就让我们从顺风车和民宿的经营模式出发，看看能否发掘出具有类似特征的创业新商机。

在这里，先给大家一个提示。以上两种服务的共同特征在于，可以将自己拥有的资源及时地转借给不具备该资源的人。同时，确保出租方与承租方的客户数量及二者的合理匹配是其关键所在。换句话说，我们只要让这项新服务中包含类似优步或爱彼迎的经营模式就可以了。

也许大家想到了家具、服装、宠物等符合上述条件的备选项。不言而喻，像无醇饮料这种消耗品肯定不适合租赁，而冰箱这类一直都需要使用的物品也很难成为我们考虑的对象。也就是说，候选商品必须满足下列三个条件：不是消耗品；不需要长时间不停地使用；只有在特定时期才会出现使用需求。在满足这些条件的前提下，我们只要挑选那些没有竞争对手的，或是市场竞争不激烈的商品，就可以获得较高的成功率。

在日本，我想到的是男友和女友的“租赁”服务。虽然现在已经出现了经营类似业务的企业，在实际运作时还需稍作创新以区别于其他同行，但是我相信，只要能够妥善处理伦理问题并完善纠纷处理流程（跟踪狂问题等），其市场前景还是相当广阔的。当然，这只是一个例子，能否实际运转起来还是个未知数。然而，通过这个简单的案例就可以看出，从类比出发不断举一反三是我们寻找新商机的有效途径。

- **本章思考工具的最佳使用时机**

  思考抽象问题、解释某一道理、寻找创业新商机时

- **让你能够胜人一筹的3点诀窍**

  ❶ 培养在日常生活中积极思考的习惯。

  ❷ 换位思考，准确找出可以让对方“心动”的类比。

  ❸ 将事物的核心特征大胆地套用于其他案例。

グロービス流
「あの人、頭がいい！」
と思われる「考え方」のコツ33

第三部分

寻找
有效启示的
15 个工具

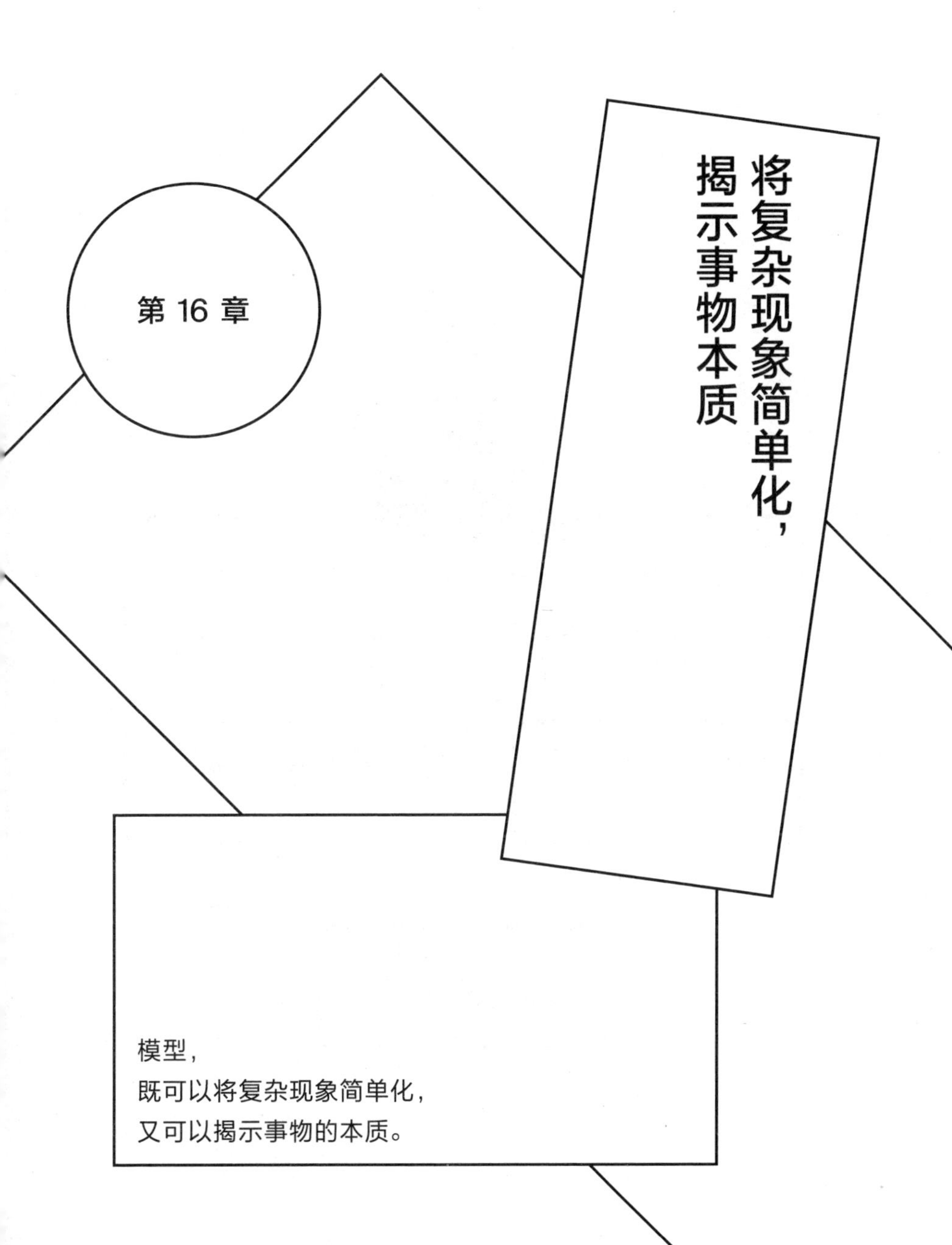

第 16 章

将复杂现象简单化，揭示事物本质

模型，

既可以将复杂现象简单化，

又可以揭示事物的本质。

“好人有好报”

这一谚语可以用图示意为：

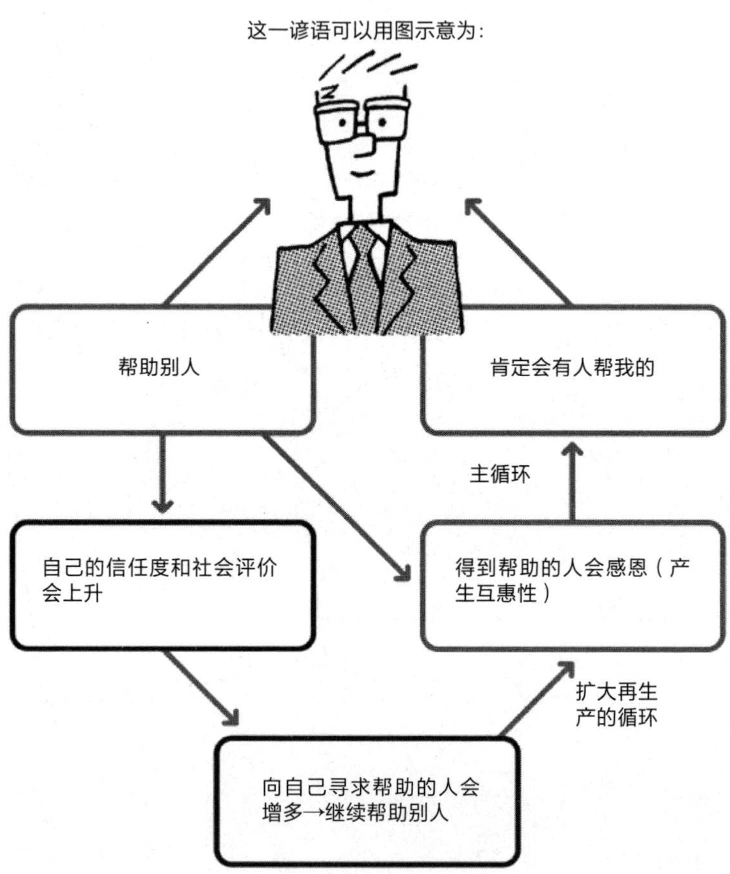

第 16 章

将复杂现象简单化，揭示事物本质

通过模型提炼事物本质

模型是指将某一客观事物或规律的本质归纳为模式或图表的一种表达方式，最初被广泛应用于自然科学。比如，由原子核和绕核运动的电子组成的卢瑟福原子模型，就被编入初中教材。这一模型也对其后的物理学和化学的发展起到了巨大作用。虽然在量子力学中，量子的实际形态要比该模型复杂许多，但该模型成功归纳出了量子的本质。在自然科学领域，人们会先将某种假说制作成模型，然后通过实验对该模型的正确性进行验证。也就是说，能否构思出更接近事物本质的模型，是对科学家的一大考验。如今，人们也将这一归纳方法运用到商业活动等其他社会科学领域中。

图 16-1 就示意了一个由克莱顿·克里斯坦森提出的模型。该模型被称为“破坏性创新”和“创新者的窘境”。

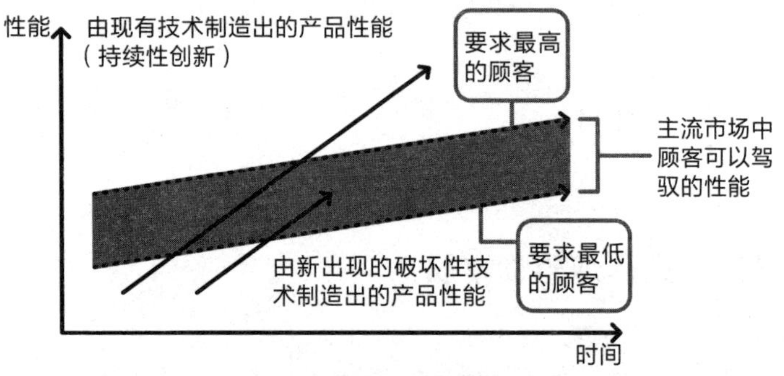

图 16-1 破坏性创新和创新者的窘境

这个模型概括出的事物本质是：最初看似落后的技术（破坏性技术）通过性能的不断升级，逐渐占领了主流市场。相反，最初在该市场占据优势地位的企业，过度重视高要求顾客的需求，也没有虚心引进新技术，导致产品性能超出了人们的实际需求，最终丧失了市场竞争力。

事实上，我们每时每刻都可以在现实商业活动中观察到上述现象，而这一模型能为我们如何应对将要出现的破坏性创新（或者实现破坏性创新）提供重要启示。由此可见，提供有效启示是模型的一个重要作用。

通过文字形式的模型归纳事物本质

看到上述缜密的分析和复杂的图表，大家也许会觉得自己并非专业学者，不可能那么轻易地设计出什么模型。的确，现实生活中没有多少人能够设计出如此复杂的模型。但是，除了图表，我们还可以用文字进行表达。以下这些常见的说法其实就是一种模型。

“权力会导致腐败。绝对权力不会长存。”
“官僚机构会自我膨胀。”
“突发事件可以反映事物的内部结构。”

此外，开篇插图中的谚语“好人有好报”，在某种意义上讲也属于一种模型。换言之，在构思模型时，即使我们无法将多个现象中存在的相同本质归纳成图表，也可以用文字将其表达出来。

在归纳的过程中，找到不同现象的共同点就变得尤为重要。我们可以尝试将某一事物用“××是××”或者“××会××”的形式进行描述，例如，“市场竞争规则会带来商机”等。

同时，我们并不需要归纳出一个适用于所有现象的共同点，只要根据 $N=3$（详见第 9 章）的原则，找到一个相对具有普遍性的共同点就足够了。

关注不同事物的共同点并思考其深层原因

大家在构思模型时，要避免单纯罗列各个事物的表象，只有深入剖析，我们才能从中获得更多的价值，这一内容将在下一章中进行详细说明。

这就好比做一道填空题，题目为：“企业文化的作用在于（　　）。”这时，大家会填写怎样的答案呢？也许大家会填写“提高决策的速度”“加强企业的凝聚力”“使新员工迅速地融入集体”等内容。可以说，这些表述并不是错误答案。在论述企业文化的作用时，这些内容也确实经常被人们提及。

但是，这里其实还需要我们进行更加深入的思考。比如，假设有一个不能适应某一企业文化的员工，那么，该员工进入公司之后会采取什么行动呢？虽然企业规模和行业人才流动性等因素会导致不同结果，但在大多数情况下，这位员工会感到非常不舒服，最终选择离职。

如果我们将关注的重点放在这一方面，就有可能找到一些更有深度的答案。比如，"企业文化的作用在于削减步调不统一的员工""企业文化的作用在于筛选人才"等。总结上述内容，我们可以将描述企业文化的这一模型归纳为：特点鲜明的企业文化，可以提高践行企业文化的人才占比。

利用经典分析框架制作图表形式的模型

熟悉了文字形式的模型之后，我们再来挑战一下图表形式的模型。我们可以从最简单的模型开始练习，比如设计一个由两个简单文本框构成的模型。

首先，在两个文本框中分别填入"顾客满意度"和"员工对工作的满意度"；其次，在这两个文本框之间添加一个良性循环的示意图，这样就可以完成一个颇具深度的模型，这一分析框架被称为“满意镜”（Satisfaction Mirror）。

就像这样，利用模型分析问题，可以厘清事物之间的联系，揭示其中的因果关系。如果能够结合其他思维方法进行运用，其作用就会得到进一步的发挥。

如果想要挑战更复杂的模型，可以考察既有商业分析模型，学习其中的设计技巧。通过这种学习，我们也可以提高绘制示意图的能力。

也许在不了解模型这一概念的人眼中，迈克尔·波特的波特五力模型[①]仅仅是并排放着的五个方框。实际上，这一模型的横轴是价值链，纵轴为竞争对手。可以说，这一设计既充满了逻辑性，又方便记忆。

此外，奥托·夏莫提出的U型理论[②]也是一个十分耐人

① 用于分析不同行业创收的难易程度。

② 关于创新的思维过程及提高领导力的理论。

寻味的概念。奥托·夏莫利用一个“U”字，描绘出了创新思维的全部过程，使这张模型图拥有了丰富的含义。

商业分析模型的价值不仅体现在其实用性上，作为人类智慧的宝库，它还可以在我们构思模型等思维活动中发挥出巨大的作用。

- **本章思考工具的最佳使用时机**

  揭示客观事物及规律的本质时

- **让你能够胜人一筹的 3 点诀窍**

  ❶ 用文字归纳模型。

  ❷ 寻找不同事物的共同点并思考其深层含义。

  ❸ 利用经典分析框架制作模型。

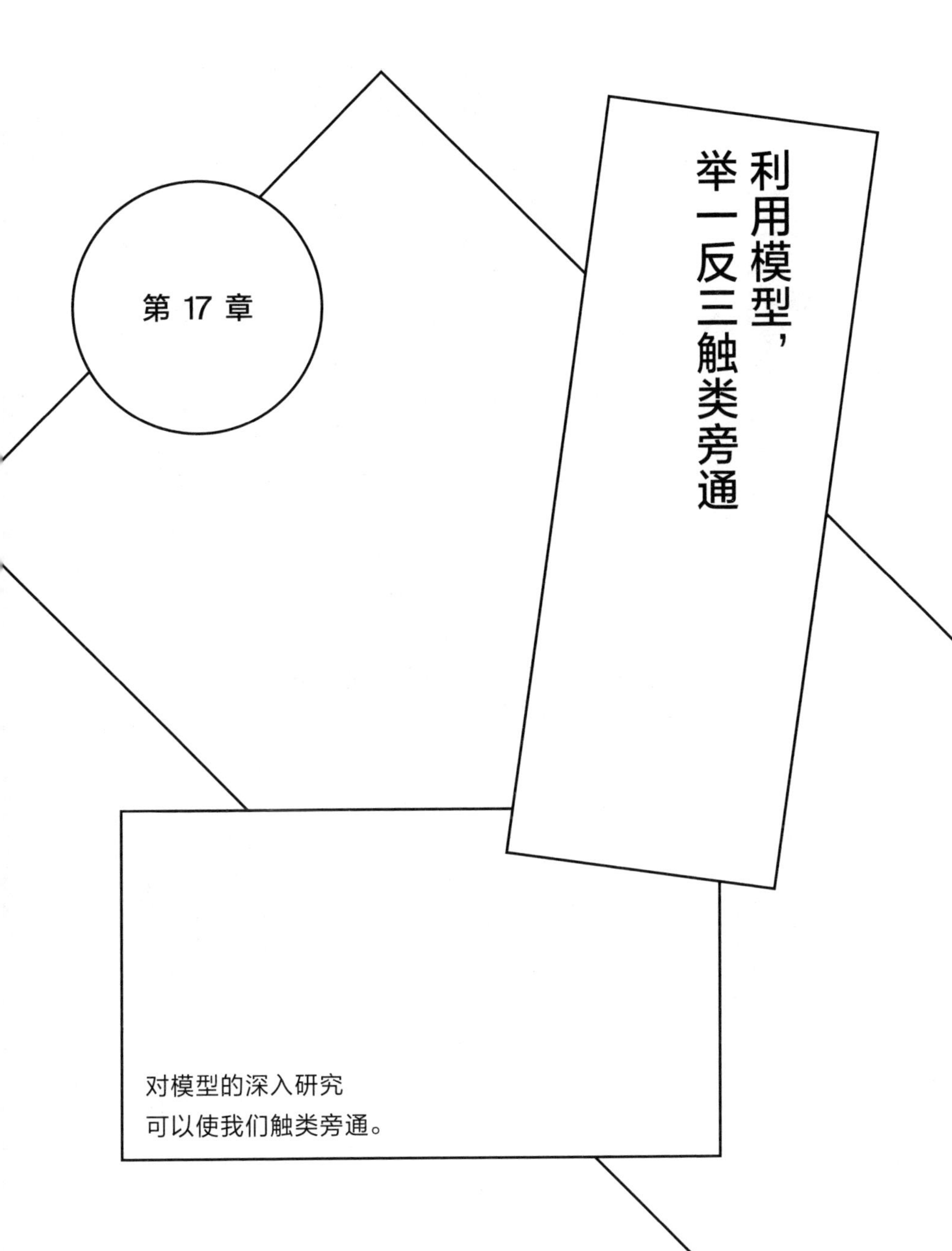

第 17 章
利用模型，
举一反三触类旁通
对模型的深入研究
可以使我们触类旁通。

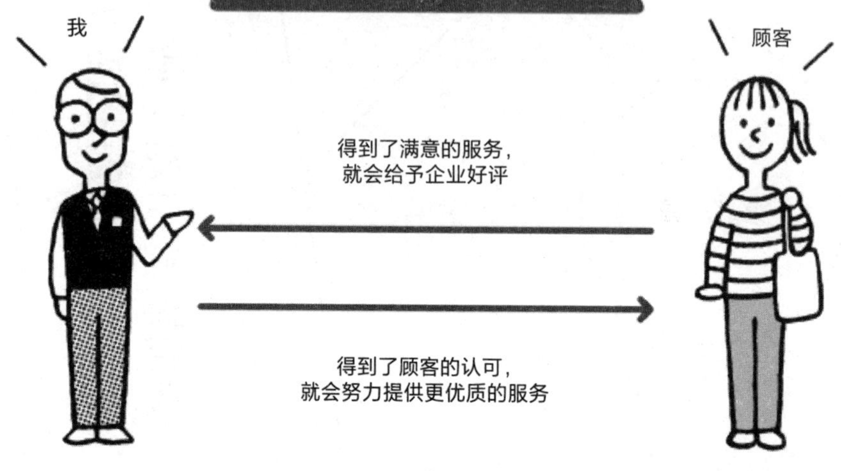

情侣关系

我

女朋友

对对方满意就会
给予对方好评

得到了对方的
认可就会加倍努力

第 17 章

利用模型，举一反三触类旁通

利用模型举一反三

模型的一大优点就是可以借以举一反三。比如，传统的经济学就使用了很多物理学的研究方法。可以说，用数学公式记述各种经济现象，就相当于用数学公式解析经济现象。

我们可以找到一些将物理学规律应用于经济现象的实例。荣获诺贝尔经济学奖的迈伦·斯科尔斯等提出了布莱克-斯科尔斯期权定价公式[①]，而这一公式就利用了物理学中布朗运动的相关概念。

① 关于证券定价的公式，多用于金融领域。

布朗运动是指悬浮在液体或气体中的微粒所做的无规则运动。这一物理学概念被迈伦·斯科尔斯等巧妙地套用在了证券定价这一经济活动中，其提出的定价公式得到了社会的高度认可。由此，在实际商务工作中，这一公式获得了广泛应用。

考察模型的普适性

判断某一模型是否具有普适性时，我们需要对该模型归纳的事物或规律的本质进行再次确认。比如，在零售行业中有一种名为“零售之轮”的理论。在某种意义上讲，这一规律与第 16 章提到的“创新者的窘境”可谓如出一辙。简单来说，零售之轮理论揭示了如下规律：某一折扣店最初作为一种破坏性创新力量打入了零售业市场。为了吸引更多客源、持续保持行业领先地位，该折扣店在不断增加商品种类的同时，进行了一系列的销售模式升级。这种意在先发制人的市场战略，逐渐形成了一种高成本运营的经营体制。而在这时，另一个折扣店也加入这个行业当中。结果，最先进军此行业的折扣店由于其背负的巨额成本失去了竞争力，被其后出现的低成本折扣店淘汰出局，最终被迫成为一家利基店。

这一零售之轮与创新者的窘境有着极相似之处。表现在以下两个方面：

- 为了满足高端顾客的需求，该行业的既有企业不断向高水平经营模式转型。
- 面对新出现的竞争对手，既有企业不免出现以领先者自居的心理，由此失去了向竞争对手学习的机会。

严格来讲，二者确实还存在一些差异，但其本质是十分类似的。如果在一家企业身边出现了一个与它开展着相同的业务，并可以满足相同客户需求的新企业，即使这家新企业现在似乎并无可惧之处，也很可能会给此行业带来一次极具“破坏性”的创新。

思考模型的作用机制

在考察某一模型时，除了表面现象，我们还要对其揭示的事物本质进行动态的分析。也就是说，除了在第 16 章进行的分析，我们还要进一步对该模型的作用机制进行研究。人们经常会说：爱得越深，恨得越深。下面就以此为例，演示一下如何进行深入的研究。对于这句话，大家多多少少都会有一些切身体会。就我而言，对于棒球的热爱就让自己深刻体会到了这句话的含义。在小的时候，我曾经有过一段对某一棒球队十分痴狂的时期，但突然有一天又极其厌恶这支球队，并一直持续至今。

其实，在我还对该球队十分痴狂的时候，就对其某些做法，比如招揽队员的方式等产生了许多怀疑。但是，由于一致性理论，即如果不能保持立场前后一致，就会感到羞耻，从而被这种性格倾向干扰，我们又无法轻易放弃对某一事物的热爱。而当心中的不满或怀疑超出某一临界点时，我们的这种反面情绪就会爆发式地释放出来，最终导致了极度厌恶情绪的产生。

也就是说，我们对某一事物投入的感情越多，在负面情绪爆发后，由此产生的抵触情绪就越强烈。图 17-1 就示意了这一作用机制导致的变化过程。值得注意的是，在这一过程中，外在行为表现的变化要比内部心理变化显得更为突然。

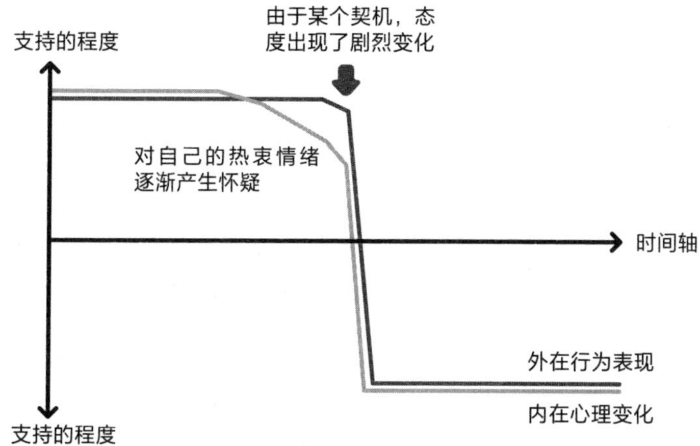

图 17-1　负面情绪爆发导致立场突变的过程

生活中能用模型解释的现象无处不在

相反，生活中还会出现一些“恨得越深，爱得越深”的情况。比如，在电视剧或漫画等作品中，我们经常可以看到这样的情节：最初处于敌对关系的两个人物会随着故事的发展最终成为生死之交。

同样，当我们对一个十分信赖的人或团体产生怀疑时，如果仅以没有看到对方态度的明显转变为由，继续保持这种信赖关系，也许有一天，这个我们十分信赖的对象就会在一瞬间成为我们的大敌。

了解人性的特点

在普适性较强的模型中，往往都有关于人性的体现，上述一致性理论等内容就是其典型代表。除此之外，人性还具有以下特点：

- 对于帮助过自己的人，不主动回报就会感到良心不安（互惠性）。
- 倾向于选择更安逸的方法或方式。
- 与他人断绝了交往就会感到不安。
- 得到表扬或关心就会感到高兴。
- 希望自己的长处得到充分发挥和进一步加强。
- 感受到实际利益时才能产生做事的热情。
- 不到万不得已不会主动采取行动。
- 不喜欢变化。
- 善于给自己找理由。
- 注重理智，但最终会受情感支配。
- ……

第 17 章

利用模型，举一反三触类旁通

究其根本，正因为人类这些与生俱来的本性，大多数模型的合理性才得到了保证。因此，调动各个感觉器官，加强对人性的认识，就成为我们利用和设计模型的根本。近年来人们大力提倡的人文教育就是一个有效方法。可以说，对历史、文学等人文知识的学习，就是对人类本身的一种深入了解。

- **本章思考工具的最佳使用时机**

  利用某一现象或规律的本质解释其他问题时

- **让你能够胜人一筹的 3 点诀窍**

  ❶ 深入研究模型的普适性。

  ❷ 思考模型的作用机制。

  ❸ 深入了解人性的特点。

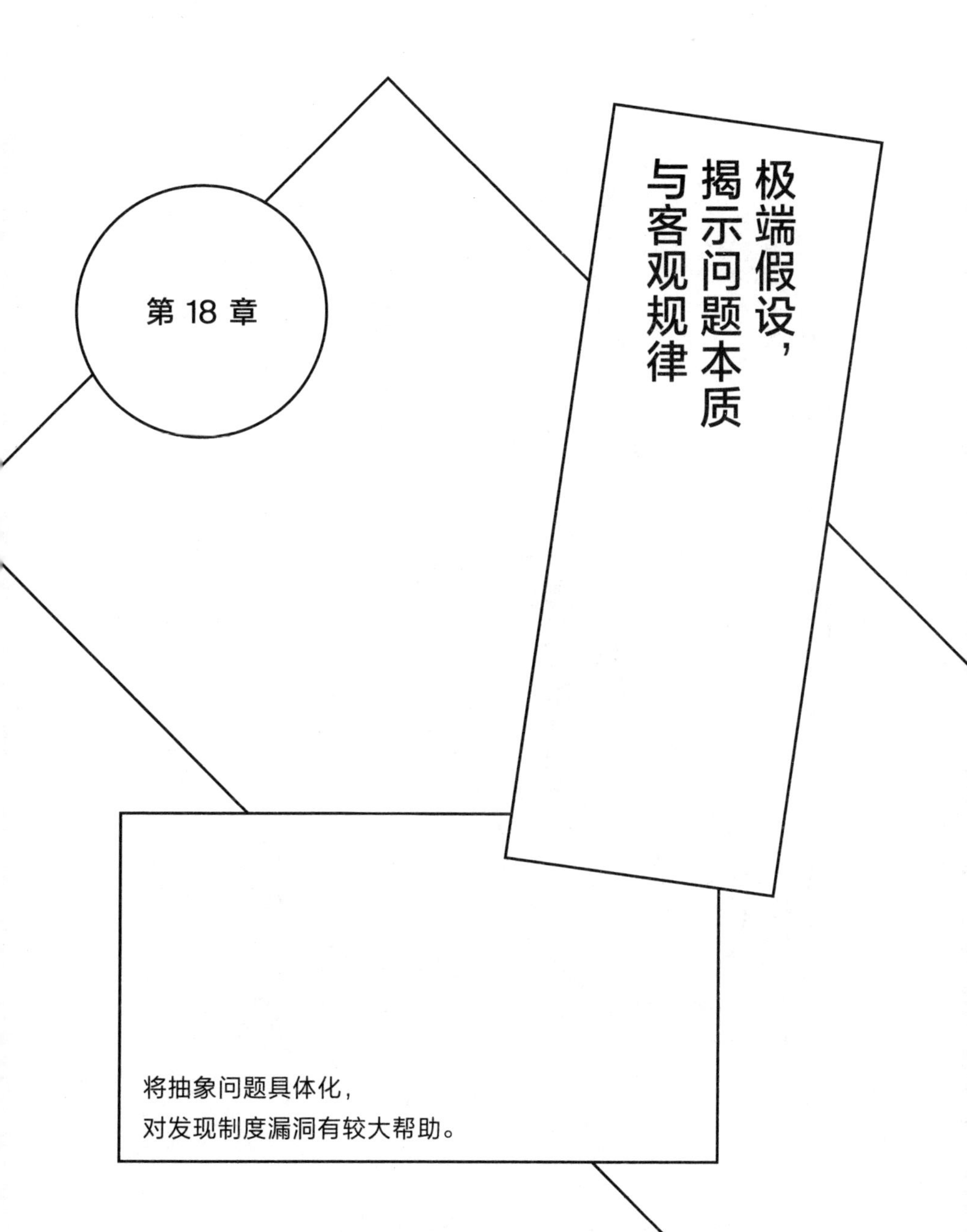

第 18 章

极端假设，揭示问题本质与客观规律

将抽象问题具体化，
对发现制度漏洞有较大帮助。

如果每年只进行一场比赛……
如果每年只有五天……
如果我只买了一次股票……
如果企业中只有一种职位……
如果只有一个公司愿意和我们交易……
如果只用销售收入统计 KPI……
如果都从同一所大学招收应届毕业生……

第 18 章

极端假设，揭示问题本质与客观规律

极端假设帮助我们解决各类难题

设想极端案例或某一事物的极端情况，既有助于我们在制定某项规章制度时发现其中的漏洞，又可以将抽象的事物具体化。虽然我们假设的这些极端情况可能缺乏现实性，但作为思想实验（详见第 30 章）的重要一环，这种思维方法可以在很多情况下对我们解决问题起到较大的辅助作用。

通过极端假设理解事物的各种规律

在商业活动中，存在着很多重要的规律，我们以著名的“大数定律”为例展开相关讲解。大数定律是指在随机实验中，虽然单次得出的结果有可能偏离某一事物的实际水平，但通过增加样本数量或大量重复实验，所有结果的平均值恰恰接近该事物的实际水平或实际情况。

比如，投掷一个标准的六面骰子时，投的次数越多，每一个面出现的概率就会越接近于投掷总次数的 1/6。我就曾经连续投了 600 次骰子。其中，出现次数与 600 × 1/6 = 100 偏差最大的面，其出现次数也控制在了 106 次。也就是说，六个面出现的概率都维持在了 1/6 左右。

换言之，大数定律告诉我们，样本数量或实验次数越少，得出的平均值就会与实际值相差得越多，也就无法正确反映该事物的实际情况。比如，在日本，赛马的抽头一般在 25% 左右。这也就意味着，在赛马上投入得越多，缴纳给国库的金额就会越接近下注金额的 25%。

让我们再看一个关于棒球打击率的例子。熟悉棒球的读者也许已经注意到，一般在每年的 5 月之前，大多棒球选手的打击率都能维持在 40% 左右的较高水平。而随着赛季接近尾声，这些选手的打击率会逐渐降至其正常水平。有人便由此认为，多数选手会在春季表现出更好的状态，但其实这只是一种假象。事实上，每年春季之前，选手的击打次数还很少，是偶然出现的个别优异成绩导致人们产生了这种错觉。

下面，让我们再想象一个更为极端的情况。假设一年只进行一场比赛，那么肯定会出现打击率在 40% 甚至是 100%（3 个打数 3 个安打或其他组合）或 50%（4 个打数 2 个安打或其他组合）左右的选手。但是，在经过 100 场比赛之后，相信就几乎没有人可以将打击率维持在这个水平了。

除了大数定律，在实际工作中，我们还会遇到很多可以借助极端假设分析问题的情况。比如，在商务工作中，进入某一瓶颈期或面临某些权衡取舍时，抑或是考察规模经济与范围经济等企业经济效益时，借助极端假设既可以加深我们对该问题的理解，又有助于我们对决策的成效作出正确预估。

比如，在研究各类成本对企业的影响时，我们可以设想一个只有固定成本或只有变动成本的极端企业模型，然后分析这两种成本的特点及风险。这时我们就会发现，在一个只有变动成本的企业里，只要将产品单价维持在大于成本的水平，即边际收益率大于零的时候，无论销售收入出现多大幅度的下降，企业的经营也不会出现赤字。由此我们就可以得出结论，销售收入产生波动时，变动成本的变化不会给企业带来很大的影响。

对规章制度或方式方法进行评价

此外，极端假设还可以在评价某一规章制度等工作中助我们一臂之力。这里，我们就以日本的选举制度为例展开相关说明。根据日本现行政治制度，众议院采取小选区制与比例代表制并立的形式进行选举。但是，也有人主张应该像英国一样，将其全部统一为小选区制。针对这一主张，作为反方大家会如何进行反驳呢？其实，对于这种规章制度，我们也可以利用极端假设的方法进行驳斥。下面就为大家展示这一辩论过程。

“我们就假设现在都改成了小选区制，这届有6个政党参加竞选。其中，少数无党派参选者暂时不作考虑。那么，要想获得众议院的所有席位，该政党的得票率需要达到多少呢？”

“嗯……我也不知道。”

“这确实是一个十分极端的情况，但要想在这种情况下获得所有席位，得票率必须达到 17% 左右。因为在所有选区都竞争得比较激烈时，如果有 6 个政党参选，只要得票率超过 17% 就会胜出。而如果在所有选区都出现了同样情况，这就意味着该政党会以同样的得票率在将近 500 个选区里全部中选。”

“怎么可能发生这种事！？”

“确实，实际可能不会出现这种情况，但也并不是完全没有可能。理论上，无党派参选者越多，该政党就会以更低的得票率夺得所有众议院席位。”

“……”

“也就是说，全部统一为小选区制会产生大量的无效票。这就是小选区制的缺点。”

以上针对小选区制的缺点展开的辩论仅仅是一个例子。事实上，比例代表制也同样存在着许多不足之处。

比如，如果比例代表制选区有 A、B、C 3 个政党参选，当3个政党的支持率（席位率）分别为45%、45%和10%时，由于每个政党的席位都没有超过半数，就无法单独进行决议，所以需要多党联合执政。这样一来，支持率仅有10%的C政党就掌握了决定权，与A政党和B政党形成了势均力敌的力量关系。当然，这也属于一个极端的情况。希望大家能模仿这种思路，思考一下是否还有其他极端情况可以揭示比例代表制的缺点。

使用极端假设时切忌“为了辩论而辩论”

如上所述，极端假设既可以增加议论的热度，又可以在实际工作中提高决策和行动的合理性。但是，如果假设得过于极端（当然，其效果也会根据双方的接受能力而有所变化），有时反而会让局面变得混乱起来。因此，在使用这一思考工具时，要避免“为了辩论而辩论”。

比如，假设某一开发商和承建商就是否应该在地势较低且土地松软的河床处施工而进行了一场讨论。讨论中，如果反方以无法同时应对洪水和地震为由，提出不应该施工，大家会作何反应呢？确实，并不是没有可能同时发生洪水和地震，但不得不说，反方设想的这种情况多少有些极端。

当然，如果双方可以由此进一步深入探讨各自可承受的风险级别的话，这自然是大家所希望的。但是，反方提出论点的这种方式也很有可能引发双方的争执。面对这种形势，也许正方就会质问反方："如果我们都没有活儿干了，难道也不应该开工吗？"显而易见，这种偏离正题的议论方式是没有任何实际意义的。

最后，再举一个关于减排的案例。假设有人提出："把人类的所有经济活动都停了，就可以实现减排了。"那么，我们应该如何评价这种极端的论点呢？事实上，如果这个论点可以引导大家进一步讨论如何权衡文化生活与经济活动的轻重，从而将论题转向探讨更加实际的对策，我们就可以认为这确实是一个十分有建设性的论点。但是，有些人在听到这种观点时，会将论点转向人口问题等与减排没有太多关联的问题上，这就使双方偏离了问题中心。因此，我们需要根据对方的接受能力和认知水平，对极端假设进行取舍。

聪明人都在用的思考工具
グロービス流「あの人、頭がいい！」
と思われる「考え方」のコツ33

- **本章思考工具的最佳使用时机**

  准确还原事物原有形象，正确理解或解释商业规律时

- **让你能够胜人一筹的 3 点诀窍**

  ❶ 设想某一规律的极端情况。

  ❷ 从缺点与风险出发，对问题进行分析。

  ❸ 注意讨论的实际意义。

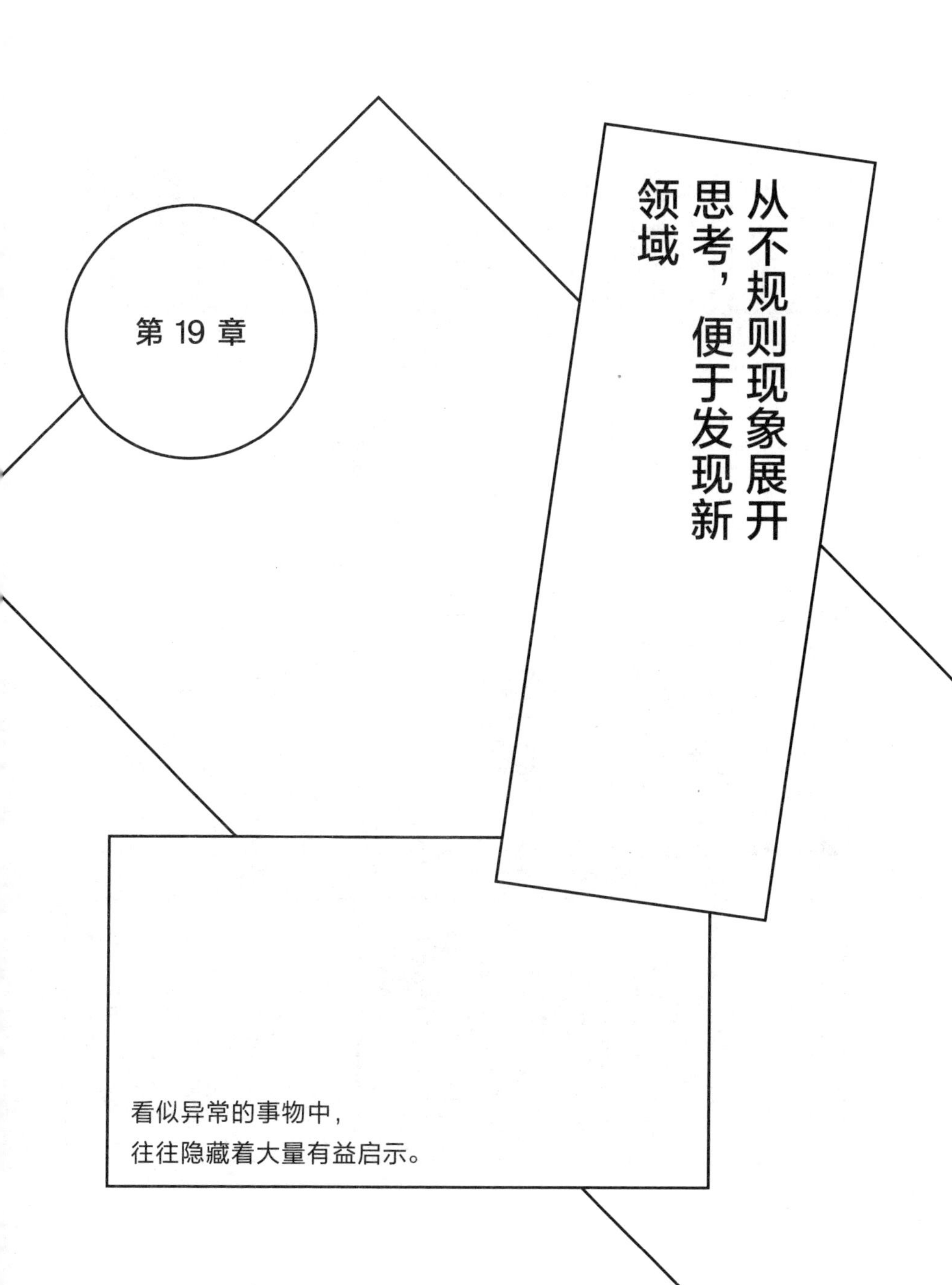

第 19 章

从不规则现象展开思考，便于发现新领域

看似异常的事物中，
往往隐藏着大量有益启示。

你说，为什么北海道的旭山动物园那么有人气？按理说，人们一般会选择离市区比较近的地方，比如上野动物园。
一般的动物园都是让人们看动物的，但旭山动物园别出心裁，让人们流连忘返。

啊？难道旭山动物园里看不到动物吗？
当然能看到动物，但更确切地说是向人们展示了各种动物的生活习性，我觉得在日本是很难找到这种动物园的。还有，旭山动物园在日本最北边，里面能看到很多日本本州岛等地看不到的物种。

第 19 章

从不规则现象展开思考，便于发现新领域

异常现象自有其异常的道理

如果这个世界上的所有事情都由某一单一因素所决定，想必我们就会活得非常乏味了。比如，如果最终学历就能基本上决定某个上班族的薪资水平，那肯定就没有多少人会努力工作了。可以说，这种情况会给整个社会带来极其消极的影响。世界是一个十分复杂的集合体，任何事情都不会仅由某个单一因素所决定。

尤其是对那些看似异常的现象，即不规则现象[①]来说，

① 不规则现象原本是指不能用既有规律解释的现象，这里将其狭义地定义为看似异常的事物。

只要我们留心观察，就会从中获得很多新鲜的灵感。

开篇漫画中提到的旭山动物园就是一个“异常的事物”。如果将其周边人口及乘车时间等环境因素与来园游客的数量分别定为X轴和Y轴，通过相关图将二者的相关关系表示出来，其坐标一定会落在一个偏离整体数值分布的区域里。关于旭山动物园的特别之处，在开篇漫画中已经有所涉及，这里就不作赘述。关键在于，即使不能马上模仿，只要能够注意到其中的特别之处并对其成功转型的原因进行深入分析，其他的动物园经营者就会得到很多启示。

寻找明显区别于其他事物的不规则现象

如果在某个集团里掺杂了一个性质明显不同的事物，那么它就是我们所说的不规则现象。从这些现象出发，我们可以找到很多灵感。

观察全球企业市值排名我们就会发现，在排名靠前的企业中，除了美国、中国的企业之外，沙特阿拉伯国家石油公司也占有一席之地。这家公司的成功也许不是一般企业可以轻易模仿的，但同样以自然资源为依托的其他大型企业，如果参考其思路，也许就可以找到一条类似的成功之路。

同样，如果某一企业的董事会中有一名外籍董事，他的存在也会引起大家的特别关注。通过了解该企业选用这位外籍人士担任董事的原因，我们也许就可以窥探出该企业的相关意图。比如，如果这位外籍董事曾经是该企业收购的某一外国企业的董事长，这个企业下一步就很可能会通过收购外国公司，继续拓展其海外市场。但是，如果只是因为其工作努力才将之选作董事，在日本这就属于一个非常罕见的现象了。这时，如果我们去了解一下该企业的人事制度，也许会获得很多耐人寻味的启示。

作为一个善于从不规则现象中寻找新商机、开拓新市场的企业，日本工装品牌 WORKMAN 就给我们展示了一个成功案例。该公司在不经意间发现，防寒、防水面料的西装销量突然剧增。通过调查得知，购买这一商品的消费者几乎都是骑摩托车通勤的上班族。而且，对于这些消费者来说，这一商品既能在性能上满足他们的需要，价格也十分容易接受。同时，该公司开发的厨房专用防滑鞋也在一个特殊的消费群体中大获成功。经调查，购买该商品的消费者多为年轻女性，而最初引起这些消费者注意的仅仅是发布在网上的一则博文。该博文写道："这种鞋防滑效果非常好，特别推荐孕妇使用。"可以说，很多时候，消费者比商品制造者更了解商品的用途。因此，关注不规则现象，还有助于我们摆脱来自企业既有常识的束缚。

关注相关图中的离群值

寻找相关图中的离群值，也是一种十分有效的分析方法。比如，大多数行业都会依靠规模经济效益[①]维持其经营活动。特别是很难有所创新的行业，对于这些行业中的大多数企业来说，销售规模会成为该企业的一大竞争优势，并对企业的收益率产生直接影响。那么，如果在这一行业的相关图中出现了一个 A 企业，如图 19-1 所示，其坐标明显偏离了大多数企业的位置，我们又能从中分析得出哪些结论呢？

① 由于固定成本的减少和采购能力的提升，随着销售量的增加，商品的单位成本呈现降低趋势的现象。

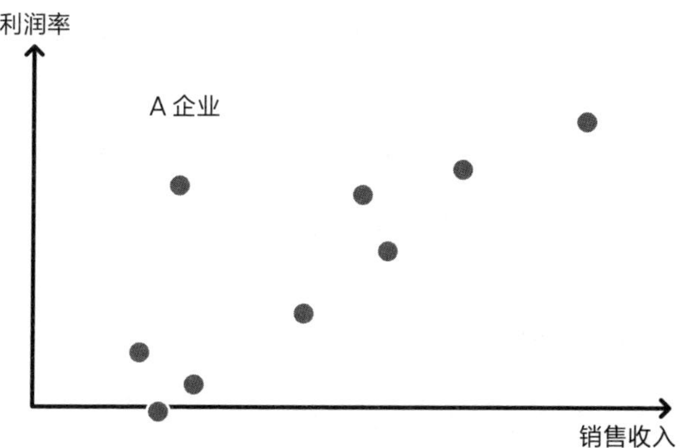

图 19-1　A 企业在行业内的实际情况

虽然不能从这一张图中判断出该企业的实际情况，但我们还是可以作出以下几点假设：

- A 企业与其他企业的经营模式不同，积极利用劳务外包等。
- A 企业的目标顾客与其他企业不同。
- A 企业的发展阶段与其他企业不同，因此员工薪金水平较低。
- 只有 A 企业是外资企业，其经营模式与其他企业完全不同。
- ……

如果通过调查，发现导致A企业坐标分布异常的最重要因素在于“目标顾客与其他企业不同”，我们就可以得出以下结论：欲进军该行业的企业，需要避免与既有企业正面抗衡，而要通过寻找或创造利基市场来提高收益。

此外，在便利店等类似行业中，虽然对于大多数企业而言，规模经济效益是其创收的主要来源，但也有些企业面临着一些特殊问题。比如，在日本便利店中排名第一的7-11就保持着业内无人能及的利润率，但排名第二的全家则显得有些步履蹒跚。面对这一现象，了解此行业的人就能很快意识到，全家经历了多次企业合并，自然会遇到一些特殊的难题。而7-11的企业运营效率远远超过同行其他企业的水平，自有品牌商品也十分丰富，这些因素使其利润率在业内一直保持着遥遥领先的地位。但是，对于那些不了解该行业的人来说，就很难解释二者之间的这种差距。这时，我们要避免一个人冥思苦想，而是应该积极向熟悉这一行业或了解企业历史的人进行请教，他们可以快速且有效地解答我们的疑惑。

第19章

从不规则现象展开思考，便于发现新领域

关注不规则现象中的共同点

不规则现象会单独出现，但我们也会经常遇到多个不规则现象同时出现的情况。这时，通过深入分析其中的相同之处，我们就可以获得更深刻的启示。

前述全球企业的市值排名就是一个很好的案例。如果我们将目光扩大到排名前三十的企业就会发现，瑞士企业雀巢、罗氏及韩国企业三星电子超过了日本和德国的知名企业，位居排行榜前列。那么，我们从这一现象中又能得出什么结论呢？

也许我们可以从中推出这样一个假说：尽管某一企业的国内市场很小，或者说正因为其国内市场很小，但只要该企业能开发出可以在国际市场上博得消费者青睐的商品，或者能够展开国际经营模式，那么它就能一跃成为该行业的龙头企业。在日本能够找到很多小有规模的企业，这些企业可以完全依靠国内市场维持一定水平的经营活动。对于这类企业，特别是其中的服务业企业来说，上述推论就是一个非常值得深入思考的启示。

● **本章思考工具的最佳使用时机**

寻找新的竞争方式或新的竞争领域时

● **让你能够胜人一等的 3 点诀窍**

❶ 从性质明显不同的特点出发。

❷ 关注相关图中的离群值。

❸ 从多个不规则现象中寻找共同点。

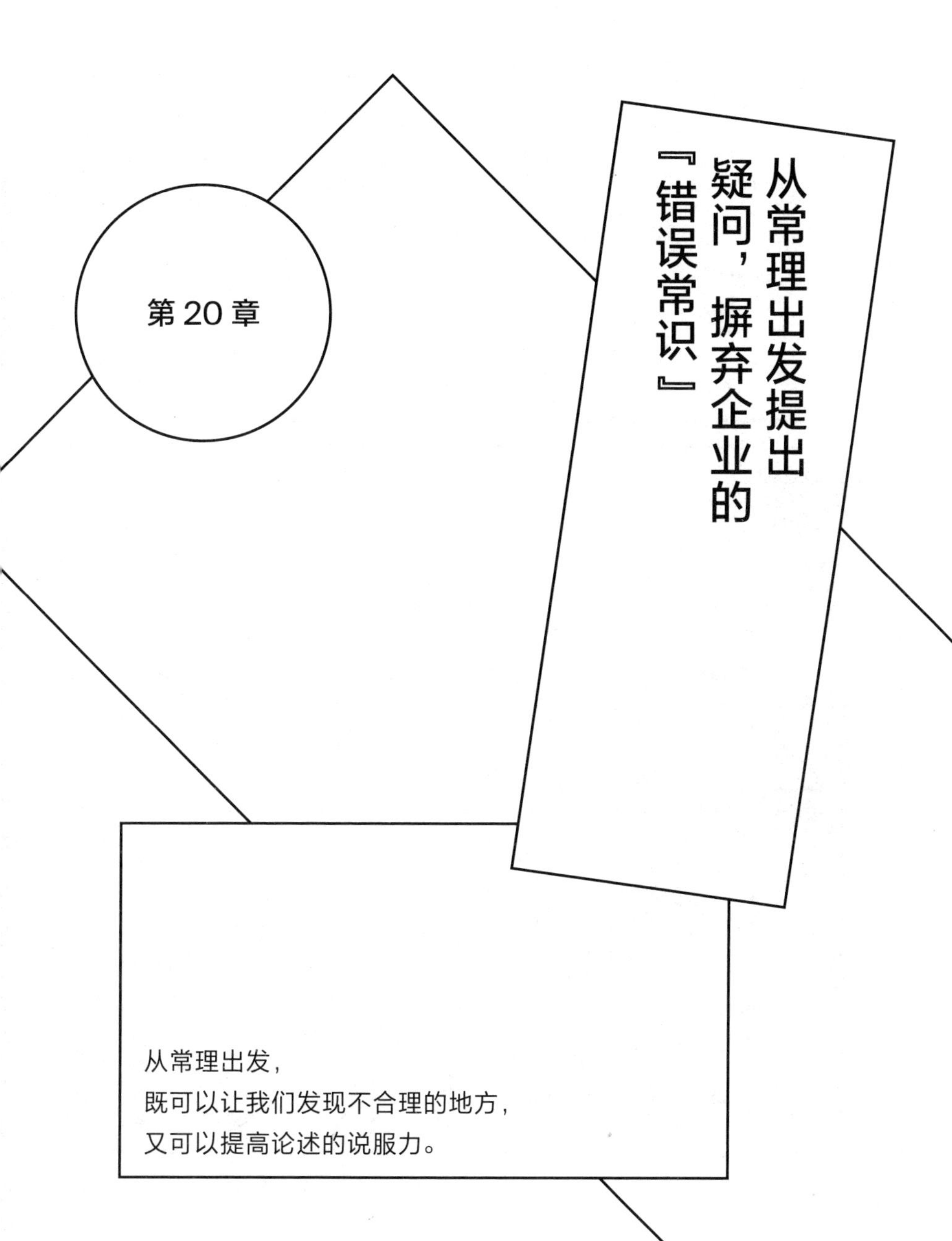

第 20 章

从常理出发提出疑问，摒弃企业的『错误常识』

从常理出发，
既可以让我们发现不合理的地方，
又可以提高论述的说服力。

现在还认为端茶倒水是女员工的工作，那你也太古板了吧？

但是，以前一直都是这样的呀。

但是时代变了呀。虽然以前有很多女员工都被公司忽视了，但现在的社会男女平等了。再说，只让女员工端茶倒水，这也违反同工同酬的原则呀！

请……

第 20 章

从常理出发提出疑问，摒弃企业的“错误常识”

留意不合理的事物

从常理出发是指遵循在某种情况下社会普遍的做法，或在发现有人没有按照常规办事时，对其提出质疑的一种思维方式。比如，以下这几种说法就属于从常理出发的思维方式：“企业管理层应该男女各占一半或比例相当”“应该单纯通过业绩对员工进行评价”“商务人士的潜能不能用年龄进行判断”，等等。

与企业内部人员相比，企业外部人员（外部董事或企业咨询公司等）更能发挥这种思维方式的作用。这是因为很多时候都是当局者迷，有时只有借助外部人员才能判断企业内部公认的“常理”中是否存在某些阻碍企业发展的绊脚石。

只有刨根问底，才能找出问题所在

我就曾经接触过一家业绩持续低迷的企业。了解企业管理的读者或许听说过 PDCA 循环（Plan-Do-Check-Action），这一管理模式可谓保障企业正常运营的基础。但是在该企业中，PDCA 循环却没有得到很好的落实。可以说，这个企业虽然做到了最基本的 Plan（计划）环节，但 Check（检查）与 Action（处理）环节则显得相当薄弱，企业对员工的工作质量和完成情况完全没有进行监督和检查。此外，企业的历史数据更是无人问津，就连被问到去年的业绩时，该企业的管理人员都没能马上作出回答。

虽然每个企业在落实的程度上会出现一些细微的差别，但毋庸置疑，在企业管理中，PDCA 循环这四个环节是缺一不可的。这是因为，通过实施 PDCA 循环的四个环节，企业遇到的问题既可以尽早得到解决，企业目标的完成情况也可以得到稳定的控制。所以，我好奇地向该企业的某位员工询问了一下他们没有落实 PDCA 循环的原因，当然，我选择了一个更为委婉的询问方式。

结果，得到了那位员工这样的回答：“因为没有要求我们这样做。”

接着，我又继续深入询问了其中的原委：

“您指的是总经理没有要求你们这样做吗？”

“是的。”

于是，我决定直接询问该企业的总经理，并与其进行了如下的对话：

“您为什么不在贵公司实施 PDCA 循环呢？”

“因为这会给员工带来更多负担，而且实施起来不是也很麻烦吗？”

“但是，如果没有实施这四个环节，很多问题就不能被及时发现并得到处理，到最后不是反而会带来更多麻烦吗？”

“你说的确实也没错。但不用担心，我会把握分寸的。我相信船到桥头自然直。”

“……那这样一来，员工实现企业目标的热情不会有所减弱吗？”

“嗯……这个就很难说了。但是，即使没能完全实现上面（总公司）规定的业绩，只要没让公司出现严重的亏损，我想应该是没有什么问题的。”

之后，我又继续询问了几个问题，并从中总结出了该公司的以下三点问题：

- 这位总经理没有充分认识到 PDCA 循环所起的作用。
- 他对扩大业务规模并没有太多追求。在完成总公司下达的任务时，他一直采取十分被动的姿态。
- 总公司并没有给该公司施加太多压力。

询问到这里，我意识到，该公司一直没能摆脱业绩萎靡的状态也实属理所当然。值得注意的是，现在我们找到了问题的原因，解决问题的办法也就应运而生了。事实上，这个企业在这之后也导入了一些 PDCA 的管理模式，比如通过 KPI 统计企业业绩，每周召开一次进度专题会议等。由此，该企业的业绩出现了明显的增长。

第 20 章

从常理出发提出疑问，摒弃企业的“错误常识”

着眼于事物的不合理之处

接下来，让我们再看一个企业的案例。虽然我对该企业的描述进行了些许润色，但这也是我实际遇到的一个企业实例。当时，该企业将某个既有业务项目进行升级，又启动了一项新的业务。这项新业务虽然为该企业创造出了一定的业绩，但公司整体的利润却出现了停滞。

此时，我发现了一个问题：该公司在如此重要的新业务上，只投入了两个业务专员。也就是说，虽然该业务是作为企业的整体项目进行管理的，但是可以将精力全部投入其中的专职负责人只有两名。而且，这两名负责人对该业务并不是十分精通。

其实，在企业管理中，存在着一种公认的说法：开展新业务时，应该启用企业的精英人员。按照这一常理来看，该企业的这种做法确实就比较欠妥了。经过深入了解，我发现，负责这项新业务的人手出现明显不足的原因在于，该企业其他部门的主管极力反对将本部门的优秀员工调去负责该业务。该企业在意识到了这个问题之后，通过自上而下的管理方式对公司进行了重组，同时选派了一个具有足够领导能力的员工担任该业务的项目主管。从此，这个企业的运转就恢复到了一个正常的状态。

当两个常理出现对立时，需要调查核实或进行思想实验

在这里为大家介绍两点利用常理时的注意事项，二者都是关于进行合理性判断的内容。

第一点是关于如何选择常理的注意事项。需要指出的是，这里所论述的常理都具有很强的合理性与普适性。但是，在参考多个常理进行决策时，我们也会经常遇到两个常理互相对立的情况。那么，应该如何处理这种情况呢？比如，人们经常会说："为了个人的成长，我们要在年轻的时候将大量精力都投入工作中去。"但是，有时人们又会说："员工必须遵守企业对于劳动时间作出的相关规定。"

这时，判断的最好方法就是：调查遵循不同常理的企业，通过对比各个企业的实际表现，判断出哪个常理更符合

我们当下实际所需的情况。但是，这种调查实施起来绝非易事。在这种情况下，我们就需要借助思想实验（详见第 30 章）来进行判断了。就上述两个常理而言，在分别对其进行了思想实验之后，我们就可以暂时得出结论：前者的合理性显得更强一些。其实，细心的读者也许已经发现，这一问题的关键在于员工对企业寄予的期待程度。因此，作出最终决定前，我们需要充分听取员工的意见，要选择一个能够让员工接受的方案。当然，我们也要考虑到企业的特点，比如是大型企业还是初创企业等。

第二点是关于常理普适性的注意事项。比如，PDCA 循环就是一个普适性极强的常理。就我而言，还没有遇到过例外。虽然在进行企业创新等相关活动时，我们会感到来自 PDCA 循环的一些“阻力”，但是，对于企业整体而言，PDCA 循环还是利大于弊的。

那么，如果有人提出，在销售数十万日元的高额商品时，不应该通过直播卖货，而应该选择在实体店进行面对面销售的方式，大家又会如何评价这一观点呢？可以说，如果时光倒转至十几年前，也许这种观点还具有一定的合理性。

但是，如今网购的条件已经十分成熟，这一观点就不一定能保持其原有的说服力了，例如，我就在亚马逊上购买过一台20万日元左右的空调。相反，越拘泥于陈旧观念，往往越容易被时代落下。

对此，我归纳出了一套有效的处理方法，供大家进行参考。**其要点可以归纳为：常理的“开始”、“结束”与“持续”。**这三个概念分别指企业中“应该实施的新举措”、“应该摒弃的旧习惯”与“应该继续保持的企业传统”。也就是说，在对企业的各项工作进行考察时，我们可以将其按上述方法归类，进行择优筛选。而在这一过程中，我们需要时刻对自己掌握的常理进行质疑，对其有效性作出客观判断。同时，还要考虑到其他企业和社会的整体动态。可以说，只有做到客观地审视自己，我们才能收获更多的成功。

第 20 章

从常理出发提出疑问，摒弃企业的“错误常识”

● **本章思考工具的最佳使用时机**

遵循常理的基础上，寻找潜在瓶颈或障碍时

● **让你能够胜人一筹的 3 点诀窍**

❶ 通过刨根问底，找出问题的真正原因。

❷ 敏锐观察事物的不合理之处。

❸ 注意“常理”的合理性。

第 21 章

从故事情节思考，增加提案的合理性

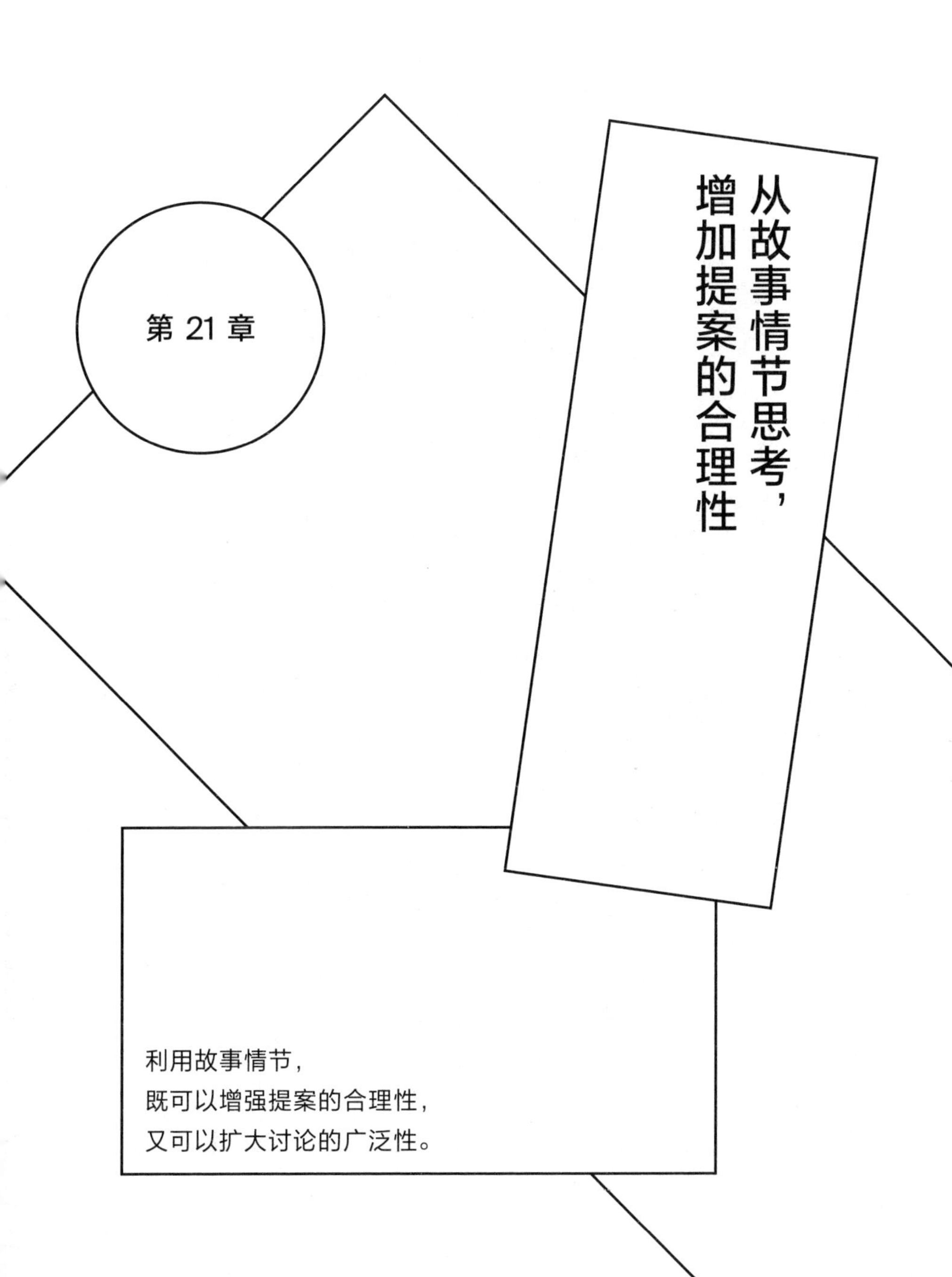

利用故事情节，
既可以增强提案的合理性，
又可以扩大讨论的广泛性。

你听说过“天空—下雨—雨伞”吗？
好像听说过。

就是说，要对情况作出判断，然后建立假说，最后将其落实到行动上！
好的！我记一下。

说得通俗一点，就是在论述问题时最好编一个故事。因为有了故事情节，对方才更容易理解我们想要表达的意思。比如，先描述一种情况，就是刚才说的天空。然后再假设发生了一个问题，就是下雨。最后再找出一个解决问题的办法，这就是雨伞。
原来如此……

如果你能很好地掌握这个技巧，与客户进行磋商时也会受益匪浅！
明白了。我这就去想几个其他的故事。

第 21 章

从故事情节思考，增加提案的合理性

人们喜欢听故事

大家在年轻时都有过什么爱好呢？相信有不少人喜欢看动画片、电影、电视剧或者读书等与“故事”相关的娱乐活动。而在这些活动中，肯定会有几个让大家情有独钟并记忆深刻的故事。不用说故事梗概，就是其中的某些细节，有些人至今也可以将其完整地复述出来。就我而言，在小时候喜欢的作品中，我尤其喜欢夏洛克·福尔摩斯的探案故事，至今还能说出其中的很多情节。

而利用故事情节深化思考，或者通过讲故事增强我们论证的说服力，就是所谓的故事思维。可以说，人们对故事思维的定义多种多样。我将这里讨论的故事思维定义为：利用故事情节进行思考及所有可以通过这一思维方式获得有效成果的思考过程。其实，这种故事思维在很多地方都已经得到了有效的应用，比如，制定经营战略、市场营销及职业生涯规划等领域。

相信大家已经对故事情节的作用有了一定的了解。在此，我们将其逐条列举如下，以示强调。

- 将抽象概念具体化，有助于我们提高形象思维能力（详见第7章）。
- 有助于揭示因果关系及事物之间的其他相互作用（详见第3章）。
- 可以更多地引起人们的关注，同时利于人们记忆。
- 可以更好地传达说话人激动的心情或恐惧的感觉，有利于带动听众的情绪，引起人们的共鸣。
- 使我们进行说明时能够更省力。
- 有助于判断听众是否已经正确理解了我们说明的内容。

用故事情节深化思考对实际工作也有帮助。通过确认故事的合理性，我们能提高自己的思考能力和演示能力。

第 21 章

从故事情节思考，增加提案的合理性

要构思成功的故事

虽然我们在商务活动中会遇到各种各样的情况，但大家一般都会努力往局势向好的方向推进。**所以，我们应该设计出一个会向好的方向发展的故事情节。**换言之，就是我们需要在准确把握现状的基础上，以故事的形式，想象实施某一有效解决方案后，局势会发生怎样的好转。相反，如果我们构思的故事是向着不好的方向发展的，那么它就会成为一个“恐怖故事”了。在这种故事里，很多时候我们都会为如何改变现状或如何死里逃生而胆战心惊。

此外，在进行构思时，我们最好以社会认同感高的内容作为故事的开端。因为在进行说明的时候，除非是故意想以此达到某种特殊效果，否则刚开始就叙述很容易引起争论的内容，双方产生冲突的概率就会升高。

在实际工作中，为了避免事态发展成这种“恐怖故事”，我们需要在研究对策时尽量做到具体。而在这一过程中，我们就需要发挥丰富的想象力，在脑海里具体描绘出实施了某一对策后，员工的态度会有怎样的好转，以及会给企业业绩带来什么积极影响。可以说，我们希望听到的是每个员工都能热情饱满地工作，最终可以皆大欢喜的故事情节。

在构思的过程中，我们也要避免故事脱离实际，否则它就会让人感到荒唐可笑。与动画或科幻题材的作品不同，现实生活中既没有充满魔力的水晶球，也不会在千钧一发之际出现什么白马王子或时光机。

所以，在构思成功故事的同时，我们也需要认真思考可以将其变为现实的实际对策。当然，在需要使用多个对策时，我们也要考虑到这些对策的整体效果。

值得注意的是，在很多情况下，仅凭一个人的力量是很难解决问题的。因此，为了能够使别人慷慨地伸出援助之手，构思出一个可以使双方都能受益且结局令人期待的故事，是构思故事的基本原则。

将一个故事划分为若干个篇章

在构思的过程中，有的故事可以一气呵成，但如果故事篇幅较长，我们也可以在故事中间设置几个“里程碑”，将其分成若干个部分进行考虑。利用这种将整体分解为多个部分的拆分方法，我们就能够更好地展开想象了。可以说，通过拆分整体提高办事效率的法则在这里得到了很好的体现。

但是，经过拆分以后，如果故事各个部分之间失去了应有的连贯性，那就是本末倒置了。因为这种不连贯性会削弱理论的力量，很多时候也会对理论的可行性产生影响。

所以，在实际操作时，我们应该先为故事打一个大致的草稿，然后将其拆分，进行细节的刻画。

讲故事也需要有所保留

通常来讲，构思或叙述一个故事时需要遵循尽量详尽的原则，如果条件允许，还可以加上一些示意图等直观内容。

但是，叙述时刻意有所保留，可以留给听众更多的想象空间。也就是说，我们可以刻意模糊部分内容，这是一种讲故事的高级技巧。

这种有所保留的叙述方法可以激发听众的想象力，使我们的表达效果摆脱具体描述的束缚。就像成语“疑神疑鬼”所描述的一样，人的想象力（也许可以称之为“妄想能力”）有时会超越事物本身。所以，比起用尽心思为听众详细道出其中的原委，跳过具体内容、充分调动人们的想象力有时反而会得到更好的效果。

比如，如果将某一绝世美女真实地再现在画作之中，无论她的长相有多么出众，当人们多次看到这幅画后想必也会对其习以为常了。相反，画人物的日本浮世绘画师就利用了上述方法，刻意避开描绘人物的正脸，将想象空间充分留给观众。

商业活动也是如此。当我们把所有事情都讲得十分透彻的时候，反而会限制叙述的效果。选择保留哪部分内容并不是一件轻而易举的事情，但这种思考过程正是故事思维（或构思故事）的真正意义所在。可以说，通过故事情节进行思考，就是要求我们切身体会听众的感受，深入思考我们的叙事方法会给对方带来怎样的影响。

第 21 章

从故事情节思考，增加提案的合理性

● **本章思考工具的最佳使用时机**

进行具体且动态的思考或向别人进行说明时

● **让你能够胜人一筹的 3 点诀窍**

❶ 充分理解故事情节的作用并学会恰当运用。

❷ 根据需要将故事进行拆分。

❸ 适当地穿插有所保留的叙述方法。

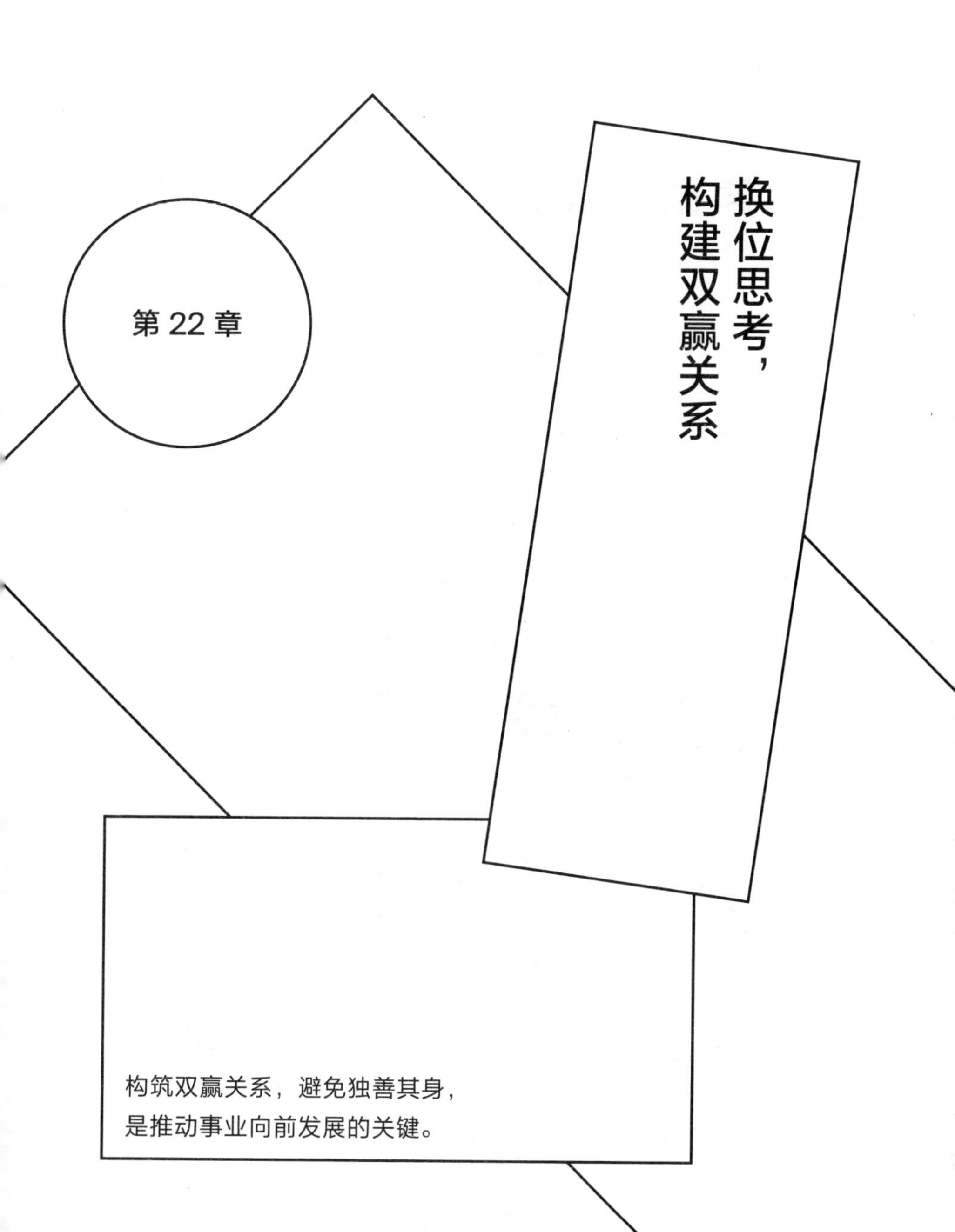

第 22 章

换位思考，构建双赢关系

构筑双赢关系，避免独善其身，
是推动事业向前发展的关键。

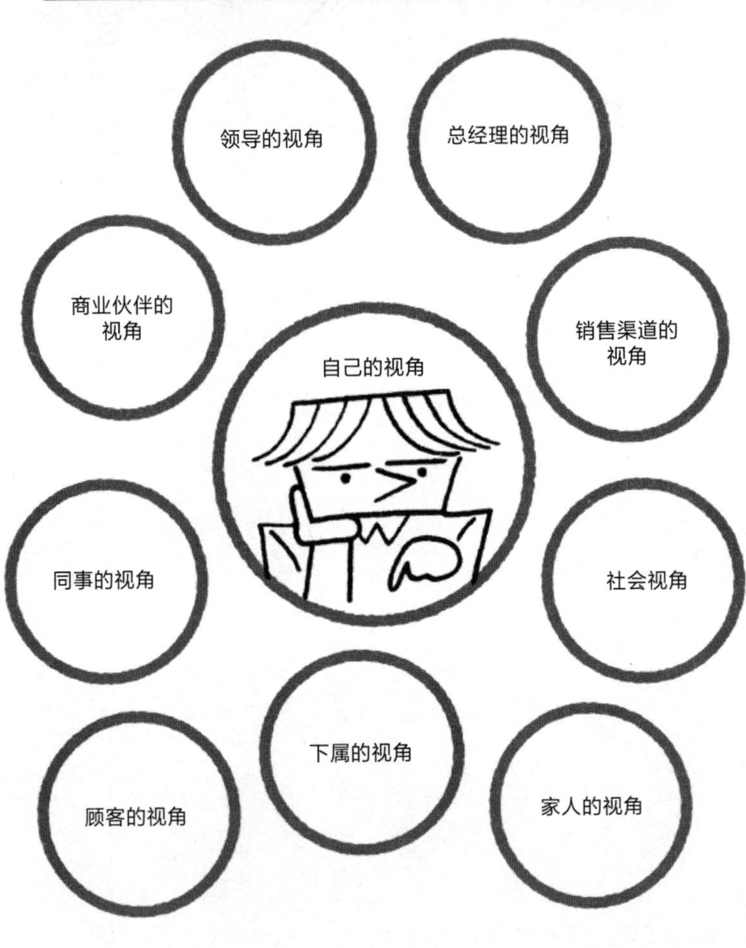
换位思考，时刻为建立双赢关系而努力
领导的视角
总经理的视角
商业伙伴的视角
销售渠道的视角
自己的视角
同事的视角
社会视角
下属的视角
顾客的视角
家人的视角

第 22 章

换位思考，构建双赢关系

尝试换位思考

通常，人们习惯以自我为中心展开各种思考。但事实上，这种思维方式并不会给我们带来太多益处。人是社会性动物，任何人都不能脱离社会而独自生活。商务活动也是如此。如今，从对方的立场出发，力求在双方之间建立一种双赢关系，已成为商务活动的一项基本原则。

不过，在进行市场营销活动时，人们基本上能够自觉做到换位思考。如果不能满足顾客的需求，无论我们倾注了多少心血，该商品或服务也不会赢得顾客的太多青睐。作为营销的经验，这一原则已经深入人心。所以，人们在进行市场营销活动时会首先站在顾客的角度进行思考。

但是，即使是在开展这种营销活动时，有些企业也不免会忘记顾客的实际需求。这些企业在开发商品及选择销售方式时，往往只会考虑自身的需求与利益。在面对企业的其他利益相关方时，这种表现更甚。接下来，我们就以顾客以外的利益相关方为主，讨论如何站在对方的立场上思考问题。

学会站在营销渠道的立场上看问题

在某种意义上讲，对于某个企业来说，营销渠道也属于一种顾客。而且营销渠道一般是企业，并非个人。所以，在与营销渠道进行交易时，作为一个与营销渠道共同分享利益的主体，企业不能忽略换位思考的重要性。特别是缺乏商务经验的年轻员工，在这个问题上更容易遇到挫折。

如果我们能够巧妙地利用企业的特点，与营销渠道企业建立起互惠的双赢关系也不是一件难事。可以说，在企业的众多特点中，对销售收入或利润的追求是一项基本特点。那么，为了提高营销渠道企业的销售收入或利润，我们又能做些什么呢？一般来讲，比较有代表性的对策包括以下三种：

①提高对方的边际收益；②向对方提供畅销商品；③不向对方施加过多限制。其中，②是最值得我们留意的一项对策。很多产品都可以成为畅销商品，其中最常见的是品牌主打商品和投放了大量广告的新商品。就这三种对策而言，虽然不同企业的侧重点会有所差别，但只要把握住这三点要素，我们就不会出现太大的失误。

在众多通过使用营销渠道策略而成功提升市场地位的企业中，百事可乐在很久以前就为我们展示了一个著名的成功案例。当时，作为一个后生势力，百事可乐在美国本土的市场地位还远远不及可口可乐。为了提升其市场地位，该公司向各个销售渠道作出了以下承诺：“请允许我们提高供货价格。但我们保证，一定会将从中获得的标的资产投入广告等营销活动中，努力改善产品形象，增加产品销量。”而事实上，百事可乐也确实实现了他们的这一诺言。在供货价格提升后，其市场地位逐渐追平了可口可乐。可以说，面对这些销售渠道，百事可乐并没有采取被动的姿态。相反，他们从建立双赢关系的视角出发，找到了一条通向成功的道路。

进行商务谈判时也要学会换位思考

进行商务谈判时，换位思考也会为我们获得成功打下坚实的基础。特别是面对某一企业的代表时，我们需要意识到，与我们进行谈判的同时，对方在该企业内部也拥有其相应的立场。对方代表对此次谈判的重视程度会根据其所处的立场发生相应变化。如果这次谈判关系到该代表在企业内部的晋升问题，那么与其他一般性的谈判相比，他肯定会投入更多的精力。

此外，在与长期合作的企业进行谈判时，我们还可以在话术上进行相应调整。比如，“下次肯定会给您个好价钱，这次就配合我们一下吧”等。虽然双方的距离保持得过于紧密也会给谈判带来诸多负面影响，但如果我们能够充分地理解对方在该企业中的具体处境，就有可能发现一些容易被忽略的机遇。

比如，在多次谈判中我们发现，尽管我方提出了一些苛刻的条件，但只要能让对方企业知道，他们派来的代表已经作出了最大的努力，该代表的评价就不会受到任何影响。这时，如果我们能够充分利用这一点，就可以让对方欣然接受我方提出的条件。在日本，某些政党的国会对策委员就经常使用这种谈判技巧来试探对方的底线。

此外，灵活利用对方的“野心”及成功欲望也是一种谈判的技巧。比如，我们可以向对方作出这样的引导：“听说您与同时入职的 ×× 先生或 ×× 女士都对贵公司的科长一职十分感兴趣？相信我们公司可以助您一臂之力。”这样一来，对方说不定就会忘记与我们的对立关系，进行谈判时将我们当作一个盟友或是咨询对象。值得注意的是，这种技巧有时也会因为表达不当而产生不良结果，在实际运用时还需谨慎。

如果能够抓住对方的要害，我们也可以提高自己谈判的成功率。具体来讲，可以用以下话术给对方施加压力：“您的意思是这次不能从我公司进货吗？但是最初决定从本公司进货的就是您本人啊。而且您也知道与其他厂商相比，我们的销量更好，如果您这次不继续与本公司合作，恐怕会影响您在贵公司的业绩考核吧……”

当然，这种技巧只有在对自己的产品有十足把握的时候才可能奏效。但是，如果我们能够充分了解对方所关心的事情，有时这种高压式的谈判方式也是值得一试的。

充分理解下属、领导及同事

下属、领导及同事是我们工作中接触最多的人，而我们往往对这些身边的人最缺乏了解。他们工作的动力来自何处？他们关注的事物又是什么？也许我们从来没有思考过这些问题，甚至有时会忘记他们也是有喜怒哀乐的人。当我们把对方当作一种办公工具时，对方就很难听从我们的吩咐或自愿帮助我们做些什么。因此，在日常交流中，我们要有意识地去了解他们的内心，听听他们的愿望、抱负及好恶。

与此同时，我们还要了解在公司中人们是如何看待自己的。虽然有些企业会采用360度反馈法，将每个人的评价转换成可视化数据供员工参考，但是，其中的自由留言栏一般会采用匿名的记录方式，而且在留言栏中的只言片语也很难充分表达出留言者的内心想法。因此，我们还是需要通过日常交流或询问其他员工等间接方法，对企业中其他人对自己的评价进行相应的了解。

假设有一个下属，他认为我们不能在关键时刻解决问题，也不会在需要的时候为他和其他部门进行交涉，那么，如果我们吩咐他去启动一个需要涉及多个部门的项目，这个下属就不会心甘情愿。这时，我们又该如何让他积极地行动起来呢？

毋庸置疑，最根本的方法是我们自己作出改变，但人与人之间的信赖关系并不是一朝一夕就能建立起来的。在这种情况下，我们就需要积极地寻求上级领导的帮助。其实，领导也时刻肩负管理下属及为公司创造业绩的责任。同时，就像人们经常说的，“领导是一个可以免费使用的资源宝库”。与普通员工一样，领导也会时刻关注企业中其他人对自己的评价。因此，我们就应该充分利用领导的这一特点，借助他的力量完成我们的工作。可见，换位思考的技巧也适用于对自己的领导。

同时，我们还可以训练自己总览全局的能力。也就是说，我们可以尝试将自己置身于某一分管领导或更上一级领导，甚至是总经理的立场，从他们的视角俯瞰自己的工作及整个企业。这样一来，我们就可以发现自己思维的局限性，针对之前遇到的困难，也会想出完全不同的解决方法。

- **本章思考工具的最佳使用时机**

  构筑双赢关系、欲让双方合作愉快时

- **让你能够胜人一筹的 3 点诀窍**

  ❶ 关注对方的利益。

  ❷ 关注对方在企业中的立场。

  ❸ 关注对方的办事动机、“野心” 及肩负的企业责任。

第 23 章

转换视角，发掘新的价值观

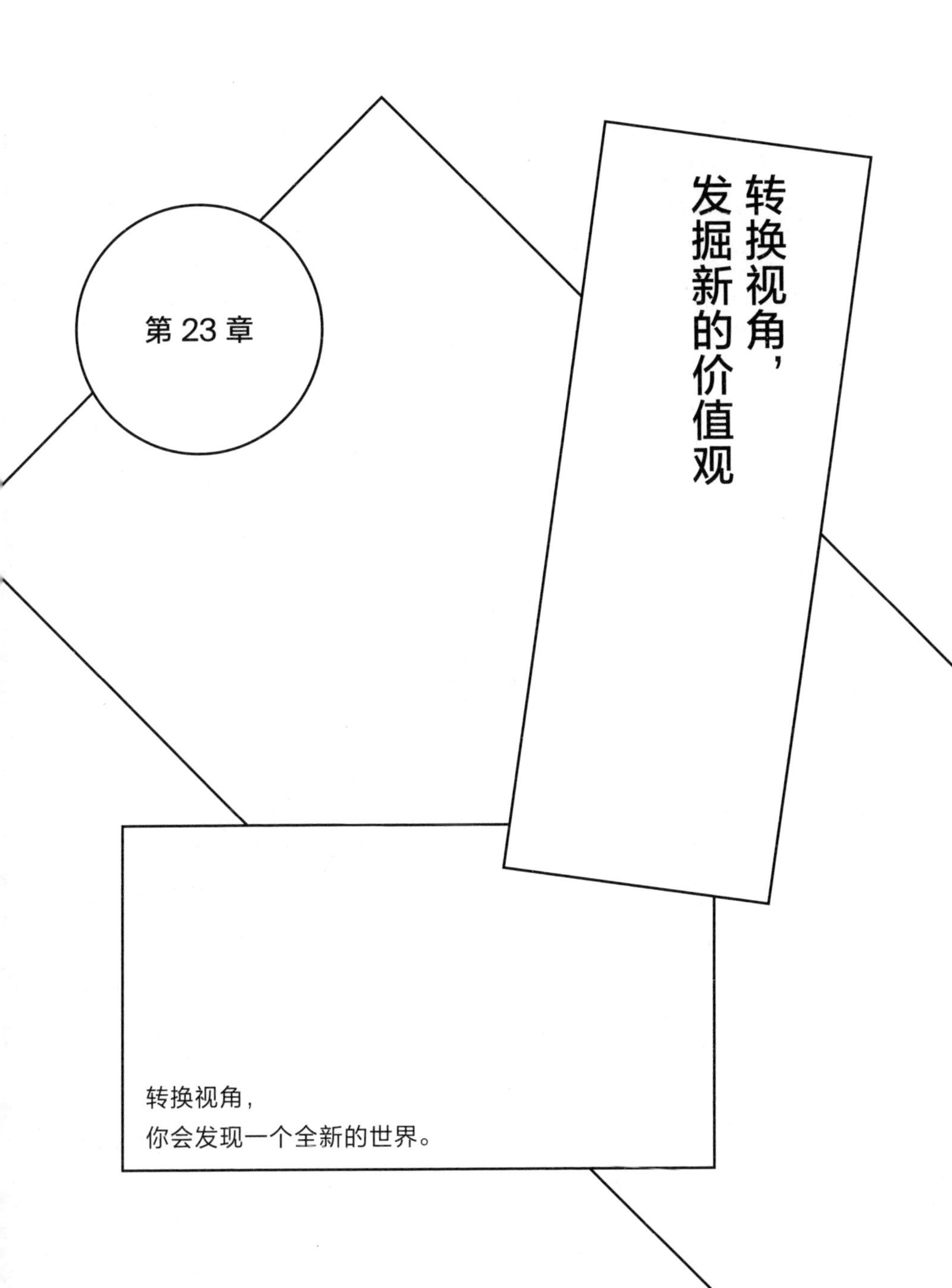

转换视角，

你会发现一个全新的世界。

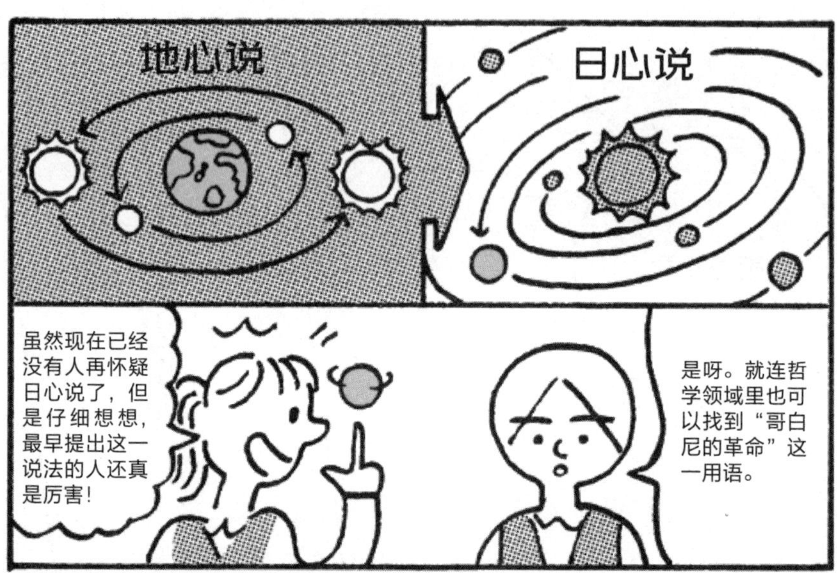
地心说
日心说
虽然现在已经没有人再怀疑日心说了，但是仔细想想，最早提出这一说法的人还真是厉害！
是呀。就连哲学领域里也可以找到“哥白尼的革命”这一用语。

企业设计操作界面
用户自定义操作界面
iPhone 的用户自定义界面也体现了十分新颖的设计理念！
的确！
iPhone 的机身虽然在全球都是统一设计的，但用户可以依照自己的喜好选择 App 下载使用，还可以自定义界面。这种设计在当初确实不是一般人能想到的。

第 23 章

转换视角，发掘新的价值观

转换视角让我们看到一个全新的世界

人们常说，改变视角就会看到不同的世界。的确，生物学家理查德·道金斯就曾经通过“自私的基因”（selfish gene）理论，给整个生物学界乃至普通知识分子带来了极其巨大的影响。

这一理论指出，真正决定自然选择的是基因，生物体只不过是供这些基因存在的一个载体而已。也就是说，生物体只不过是一台用来复制基因的机器，而其繁衍生息也只不过是在配合这一复制过程而已。这一理论还指出，人在看到自己的孩子遇到危险时，会奋不顾身地进行救助，但人之所以会这样做，仅仅是为了将自己的基因延续下去而已。这一理论虽然引起了众多非议，但它的提出，确实在进化生物学界掀起了极大波澜。

此外，在经济学界也可以找到类似案例。约翰·梅纳德·凯恩斯提出的有效需求理论就通过将研究重点转向消费者的需求，极大地改变了经济学的传统研究方法。如今，虽然“需求能够带动供给”已经成为一个经济学的公认定律，但在当时这可谓一个前所未有的视角。因此，这一理论在诞生之初，也引来了不少怀疑的目光。

换一种描述方式揭示问题的本质

想要巧妙地转换视角，首先应从改变表达方式入手。其中，最简单的一个方法就是利用框架效应。框架效应是在谈判等场景中经常使用的一种语言技巧。这种技巧提倡人们使用“数值与比例”“时间轴”“正增长还是负增长”等不同形式的表达方法描述同一问题。这是因为用不同的表达方式描述同一问题会让人们产生截然不同的感受。比如，“工作还有一半没完成呢”和“工作已经完成了一半”这两种说法就会给人们带来完全不同的感觉。

第 23 章

转换视角，发掘新的价值观

平时，有意识地练习用不同表达方式描述同一问题也会让我们受益匪浅。以下就为大家列举几种常见事物的不同表达方式：

“寿司店，就是用寿司招揽客人，然后通过销售酒水营利的餐饮店。”

“美国的知名私立大学，不仅是一个让成绩优秀的学生和富家子弟相互结识的场所，也是一个依靠成功毕业生的捐资维持经营活动的教育研究机构。”

“日本的知名大学，就是一个让学生与活跃在社会上的高年级学生或将来会大有作为的同年级学生构建人际关系网的场所。”

“与正义相对的不是邪恶，而是另一种正义。”

“育儿就是育己。”

“2020 年日本政府实施的 Go To Travel（去旅行）优惠活动，就是希望中老年人用自己的财产到日本各地旅游，从而增加各地观光业收入，本质上是一种收入再分配政策。”

“优秀的下属，就是一个有可能在将来成为自己的领导或合作伙伴，因此需要我们与之维持良好关系的人才。”

“银发民主主义[①]，就是对下一代的公然虐待。”

可以说，从一个巧妙的角度定义某一事物，既可以帮助我们解释该事物的本质，又可以让人们得到一些新的领悟。就像安布罗斯·比尔斯撰写的小说《魔鬼辞典》（*The Devil's Dictionary*），虽然年代有些久远，但其中的内容仍可以给大家带来有效参考。

调转思维方式，切换评价思路

在思考问题时，调转思维方式，或尝试从另一个角度进行观察，都有可能给我们带来意外的收获。比如，大家可以试问一下自己，每年大概能见到父母几次。记得在我小的时候，每天都能见到父母，所以也没有考虑过这个问题。但是，现在我每年最多也就能见到他们两次。如果按现在的平均寿命来计算，我能见到父母的机会最多也就剩十几次了。从这个角度来看，我自然就会更加珍惜剩下的这十几次机会了。

① 是指因少子化、老龄化导致高龄选民比例增加，政治影响力也水涨船高。高龄选民希望政府推动有利于高龄者的政策，却忽略年轻人的需求。——编者注

第 23 章

转换视角，发掘新的价值观

巧妙运用“歪曲”的视角

金泽工业大学虎之门研究生院教授三谷宏治，就曾在其所著书中描述过一个他亲身经历过的故事。有一次，他向应聘者提出了这样一个问题：“空气为什么是透明的？”在场的应聘者都显得十分为难，大家试图从物理或化学的角度回答这个问题，但都没能给出理想的答案。三谷宏治教授给出的答案是：因为看不出空气是透明无色的物种已经被自然界淘汰了。在揭晓谜底之后，大家纷纷恍然大悟，但相信没有几个人能在一开始就想到这个答案。可以说，这一答案将“看空气”的视角进行了反向转换，揭示了问题的本质。虽然切换视角并不是轻而易举就能够做到的，但无论是谁，一经成功也许可以成为第二个道金斯，提出震撼世人的观点。

接下来，让我们再看一个关于历史人物的例子。请大家想一想，为什么历史上以失败收场的统治者大多十分残忍或具有某些人格障碍呢？比如，日本镰仓幕府第三代征夷大将军源实朝等，都被描写得十分残暴且缺乏一国之主应有的能力。虽然有人认为，正是因为这些统治者确实不具备上述能力，该政权才毁于他们之手，但是，个中缘由不会如此简单。

考察历史时，如果我们仔细地思考就会发现，其实历史往往是由获胜的一方书写的。换言之，恰恰因为胜者对败者心存鄙视，所以这些失败的君主才被描写得极其恶劣。在美国的西部片中，印第安人大多都被描绘得恶气十足想必也是同样的原因，事实上更恶劣的应该是当时那些移居到美洲的移民。如上所述，如果我们尝试用另一个视角看问题，就会找到一个全新的解释。

马克斯・韦伯是我比较喜爱的一位哲学家，他曾经在一本书中围绕唯利是图的资本主义在信奉禁欲主义的国家得以发展的事实进行了论述，并对其原因作出了自己的假设。需要特别指出的是，韦伯在该书中以“认真努力→注重效率→利益的正当化”作为分析主线，这一新颖思路与“哥白尼的革命”在思维方式的翻转上可谓如出一辙。

就像这样，如果我们能够从相反的方向论述某一问题，就会给人以强大的震撼力，利于人们记忆。也许很多人都产生过这样的疑惑：为什么做出重大违法行为的往往是那些办事十分小心谨慎的人呢？事实上，正是因为他们办事十分谨慎，所以才会极度担心不法行为被发现，进而极力进行掩盖。而掩盖行为越多，越容易发展成严重的不法行为。又如，阿道夫·艾希曼本是纳粹党的一个小人物，但他曾经屠杀过大量的犹太人。人们对他如此恶劣的行径感到非常惊讶，但其实正是由于艾希曼是个小人物，他才会对上级唯命是从。那些看似大胆的行径，只不过是其忠实履行上级命令的一种表现而已。

- **本章思考工具的最佳使用时机**

  从全新的角度深入剖析问题本质时

- **让你能够胜人一筹的 3 点诀窍**

  ❶ 尝试换一种表达方式。

  ❷ 改变常用思路，对事物进行重新定义。

  ❸ 改变看问题的一贯方法。

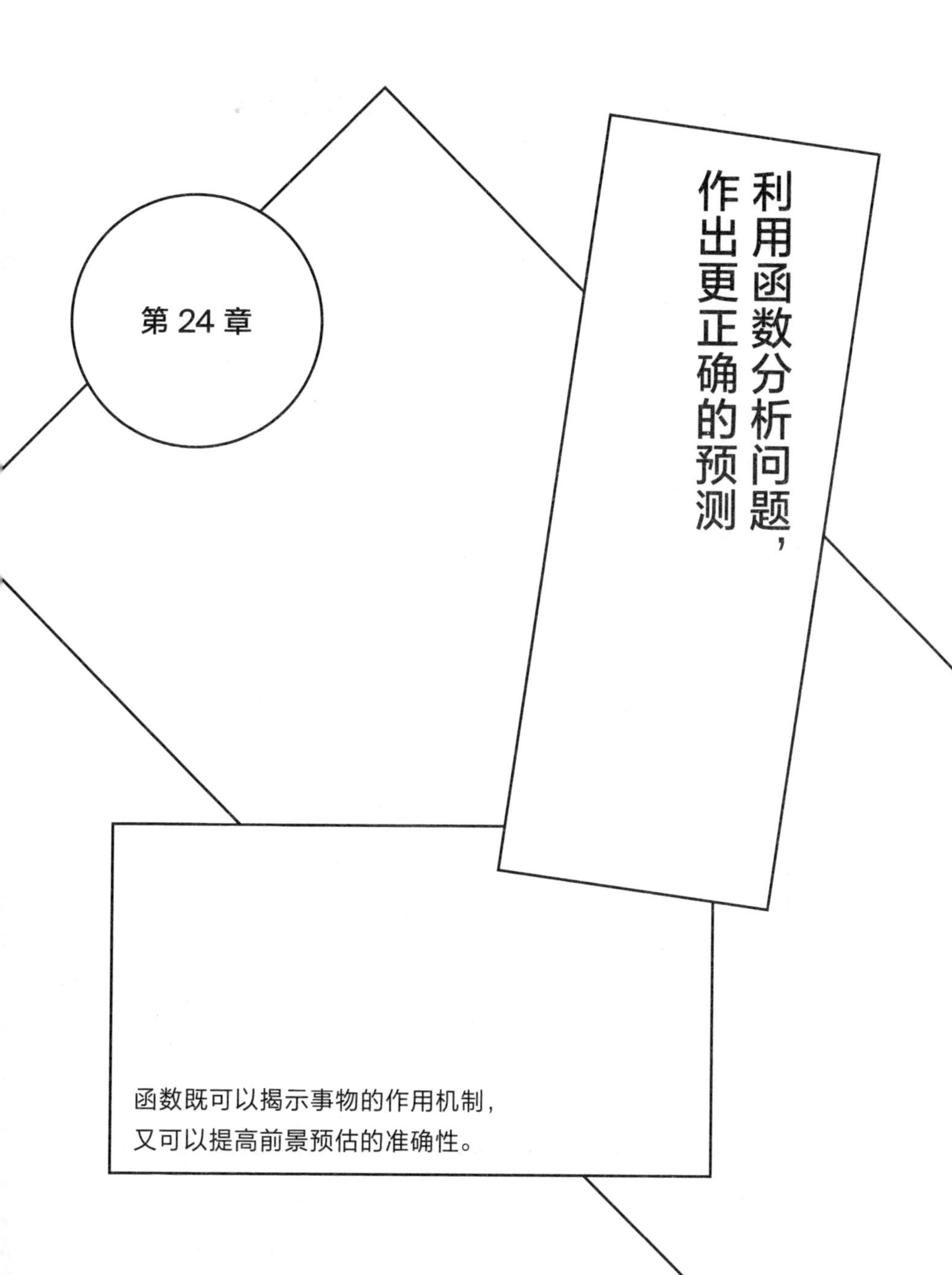

第 24 章

利用函数分析问题，作出更正确的预测

函数既可以揭示事物的作用机制，
又可以提高前景预估的准确性。

我们生活在一个二者共存的世界中!

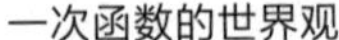
一次函数的世界观

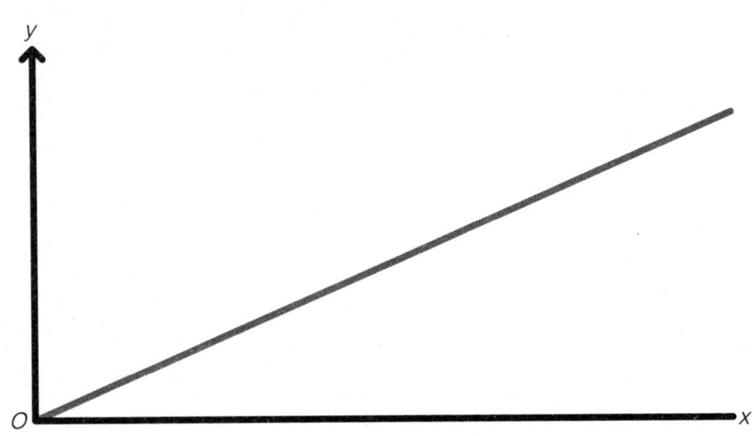

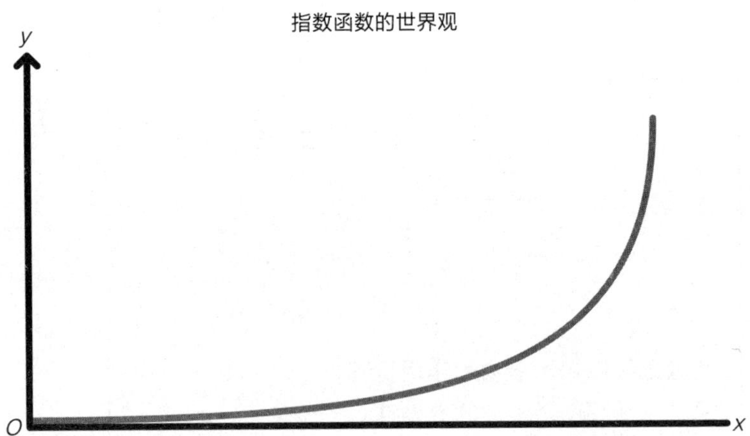

指数函数的世界观

第 24 章

利用函数分析问题，作出更正确的预测

任何变化都可以用函数表示

提到函数，不擅长数学的读者可能会感到些许畏惧。其实，简单来说，函数就是用来描述某一变量随着另一个变量发生变化的一个数学概念。

比如，假设某一初创企业的资金消耗率（单位时间内产生的亏损金额）为每月 30 亿日元，现在筹集到的现金为 300 亿日元。假设该企业的资金消耗率不会出现太大变化，如果用 y 表示现金储备额，用 x 表示该企业成立后经过的月数，那么二者之间的变化关系就可以用“$y = 300-30x$”表示。

显而易见，如果按照这个速度，这家企业在 10 个月后就会出现资金短缺。这就意味着该企业必须在 10 个月内找到集资的有效方法。事实上，在这 10 个月中，该企业也许并不会每个月都以相同的速度消耗资金。但是，有了这一函数，我们就可以大致预估出该企业会在什么时候出现资金短缺现象，这家企业也必须在资金全部用完之前采取一些相应的措施。

在脑海中为函数提前打草稿

在脑海中给函数打草稿的第一步是要对这个函数的大致走势作出预估，从而判断需要使用哪个函数。在预估走势时，不必十分严谨或过于纠结细节。比如，固定成本与变动成本的关系就是一个经常会使用到的函数。但实际上，即使固定成本不变，变动成本也不会呈现为一条笔直的直线，其走势多多少少也会出现一些起伏。这些起伏是我们无法预测的，即使我们预测到了也不会产生太大意义。因此，在选择函数时，找到一个大致符合实际情况的函数就足够了。

如图 24-1 所示，将变动成本与固定成本的变化关系绘制成图，就会呈现出一个一次函数的曲线。就像这样，在构思阶段要选择尽可能简单的模型。针对实际动态变化进行的微调，只要放在实际应用或具体分析时再进行即可。

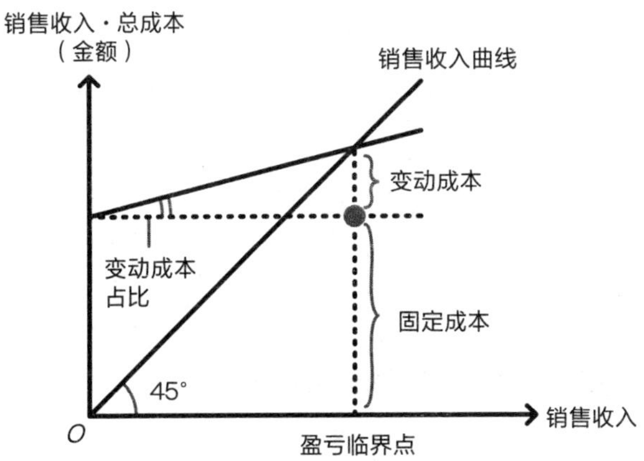

图 24-1　变动成本与固定成本的变化

下面为大家列举了在商务工作中会使用到的三个常用函数。

- 一次函数：如图 24-1 所示，随着某一变量的改变，另一变量会按一定比例发生变化。
- 二次函数：可以用公式 $y=ax^2+b$ 表达。该函数存在最大值或最小值。二次函数虽然在商务实践中使用的频率不高，但在研究如何提高销售收入等问题时会有所涉及。

- 指数函数：可以用公式 $y=a^x+b$ 表达。随着 x 值的增加，y 值会急速增大（或减小）。需要指出的是，如果将对数轴作为纵轴，指数函数也可以用一次函数表示。这一函数多用于 IT 领域。

下面，我们主要围绕一次函数与最近颇受关注的指数函数展开说明。

一次函数多用于揭示事物本质

一次函数是最简单的一种函数，具有较强的直观性，也是在商务实践中使用频率最高的一种函数。除了上述固定成本与变动成本的关系之外，一次函数还可以用于分析价格弹性、风险收益关系等众多问题。

一次函数可以揭示事物之间存在的客观规律，这也是该函数最为突出的一个特点。比如，我们可以用企业的收益性作为纵轴，将各种会对企业收益性产生影响的因素分别作为横轴进行一一考察。如果在绘制出的曲线中能够找到变化趋势接近一次函数的某一因素，那么就可以判定，该因素就是企业创收的关键因素。同时，这条曲线并不需要十分笔直，只要曲线的相关系数大于或等于 0.7，就基本上处在有效范围之内。我年轻的时候，为找到一些新的创业灵感，就曾利用这一方法进行过大量的相关分析。

从客观现象入手进行归纳性分析是一件十分重要的工作，大胆预估局势的发展也是不可缺少的一个环节。也就是说，即使实际得出的曲线没有呈现出我们预估的走势，也不意味着预估的这一过程就没有任何意义，关键在于我们需要思考这个偏差出现的原因。比如，通过一次函数分析影响某一讲座的综合满意度的因素时，如果讲座的综合满意度与我们预期的“获得新发现的数量”这一因素之间并没有太大相关性，我们就可以切换思路，建立新的假说。比如，也许实际参加讲座的听众并不是我们的目标人群；虽然可以收获很多新发现，但大家觉得这些新发现并不实用；等等。

利用指数函数进行预估

指数函数并不会呈现出线性变化，而是以类似滚雪球的方式进行递增或递减。其数值也不会以“1、2、3、4、5、6、7、8……”的形式变化，而会呈现出“1、2、4、8、16、32、64、128……”的变化形式。比如，曾在很久以前一度引起大量纠纷的金融产品就涉及这一函数的内容。当时消费者购买的这种金融产品，在利息升至25%～29%时，其利息就会自动变为复利，不断递增，复利正是一种典型的指数函数。这也导致产品爆雷后消费者的债务出现了指数级增加。

在指数函数的代表性案例中，波士顿经验曲线，即随着累积产量的增加，单位成本会逐渐减少的现象，在很早就被人们所熟知。特别是在近几年，这一关系曲线在IT行业里得到了大量的验证。其原因可以总结为以下几点。首先，IT行业的硬件以半导体作为支柱。其次，半导体的更新换代会遵循摩尔定律①，而硬件的处理速度得到大幅提升后，工作时间等成本

---

① 摩尔总结以往经验，提出了如下定律：半导体中集成电路的数量会在每18个月增加一倍左右。

自然会得到有效缩减。同时，网络效应[①]可以在 IT 行业发挥显著的作用，这又使波士顿经验曲线得到了更明显的体现。

在这些遵循指数函数递增的领域里，发挥我们的想象力就变得尤为重要。比如，我们可以在脑海中想象，当各种设备的性能提高到现在的 100 倍，或是成本降低到现在的 1/10 之后，企业会以怎样的形式呈现在我们面前。在预测未来的同时，我们还需要参考历史变化规律，具体地预测出这一蜕变能否在 5 年后实现，还是需要更长的时间。此外，实际结果与预期的偏差也是我们需要考虑的问题。这一内容将在第 25 章进行详细说明。

利用指数函数进行预估时，我们要避免受到眼前利益的影响。因为在这个飞速发展的时代，只有提前描绘出若干年后的发展蓝图，我们才可能设计出一条通向目标的成功之路。值得注意的是，在这条道路上，也许会出现一段很长的雌伏时期。因此，向企业的各个利益相关者就未来的构想进

---

① 用户数量的增加会提高商品的便利程度，商品价值随之升高，会进一步吸引更多用户的作用机制。

行细致的说明就成为其中的关键。此外，虽然 IT 领域目前呈指数函数形式急速发展，但社会的其他基础设施及相关法律等配套环境也许并不会发生相应的改变。所以，在实践时，我们需要对企业在未来会遇到的瓶颈作出准确预估（详见第 26 章）。举一个简单的例子：即便如今人们已经开发出了 5G 技术，但由于没有足够的 5G 配套应用程序，消费者得到的利益也会大打折扣。有时，我们甚至需要积极采取措施，提前排除会导致瓶颈出现的潜在因素。

- **本章思考工具的最佳使用时机**

  抓住商机、为理想的未来做准备时

- **让你能够胜人一筹的 3 点诀窍**

  ❶ 对未来变化作出一定程度的预估。

  ❷ 寻找可以利用的相关关系。

  ❸ 想象将在未来发生的巨大变化。

第 25 章

从目标出发，优化办事顺序

从目标出发，
可以让工作变得主次分明且有条有理。

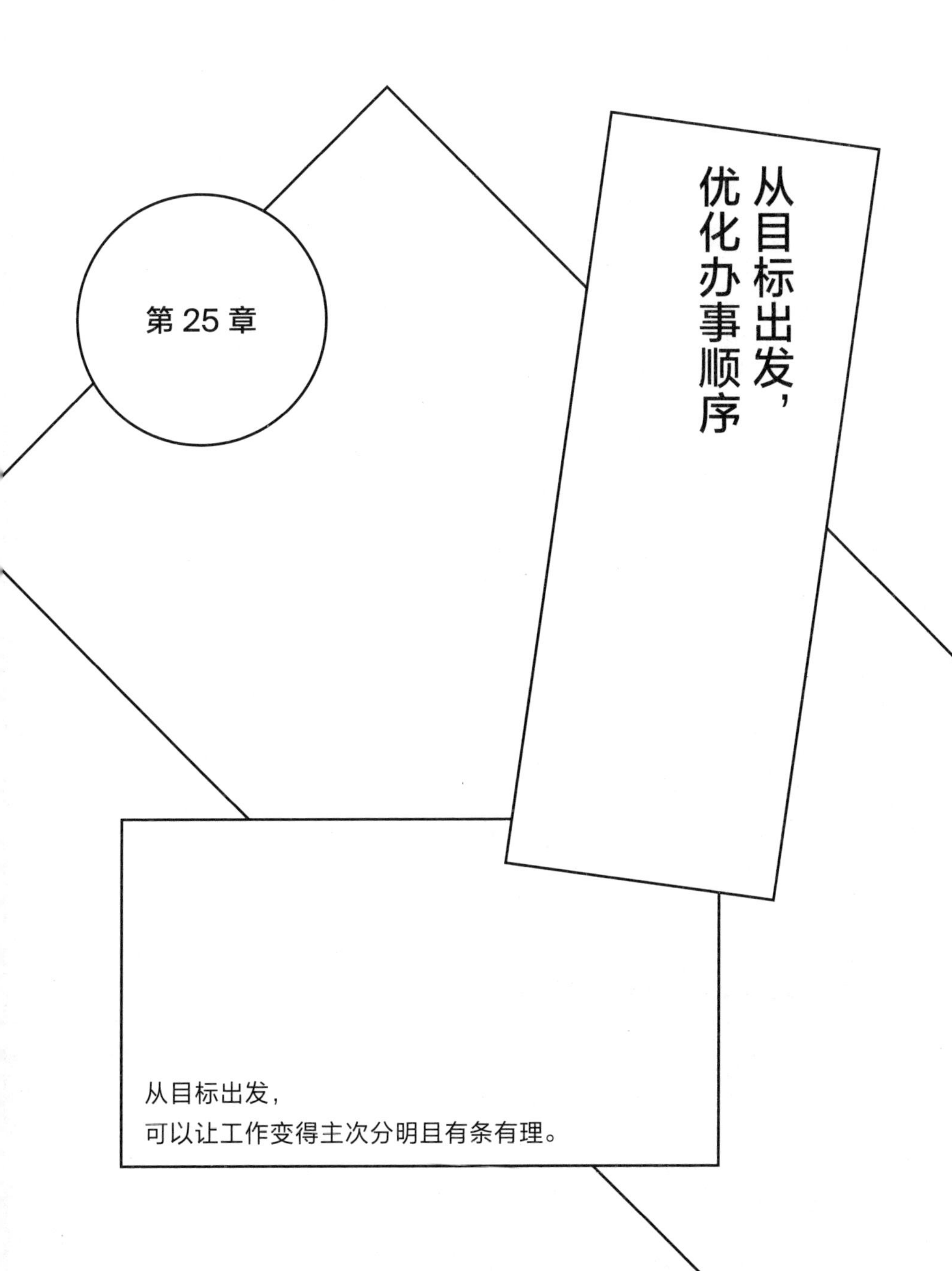

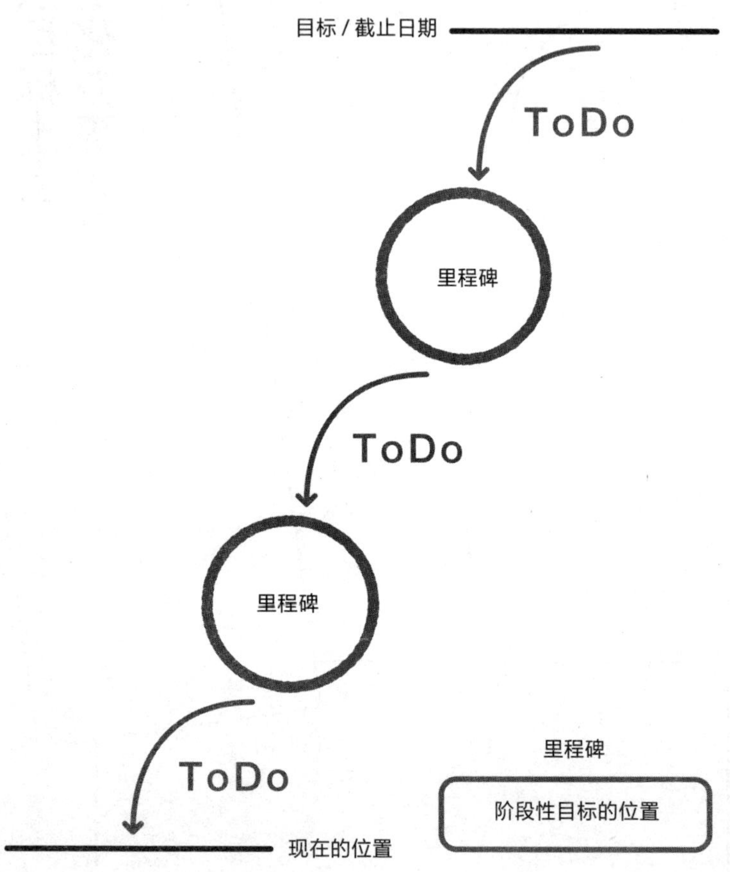
目标 / 截止日期
ToDo
里程碑
ToDo
里程碑
ToDo
现在的位置
里程碑
阶段性目标的位置

第 25 章

从目标出发，优化办事顺序

逆向规划看似简单，实则不易

从目标出发的分析方法，也称为逆向思维，虽然属于一种方法论，但其实我们在日常活动中已经或多或少地运用到了其中的技巧。比如，在完成暑假作业时，相信很多人都曾事先给自己安排过各个时段的完成计划。比如，截止到 7 月末需要完成多少，8 月中旬之前又要写完多少，等等。同样，在日常工作中，如果有一周的时间用来完成某项任务，我们通常会规划出一个中期目标，比如 3 天后需要完成的内容，再大致为剩下的各个时间段分配需要完成的内容。企业也是如此。有的企业会制订一个十年计划，并为每年需要实现的阶段性目标设计具体的发展战略。

逆向思维的好处在于，通过明确目标，我们就可以让工作变得条理分明。同时，在最终目标和阶段性目标（里程碑）的指引下，工作热情也会得到相应的提升。比如，对于一个热衷于棒球运动的高中生来说，如果有了一个“在明年的全国高中棒球锦标赛出线”的目标，他在平时的练习中就会变得斗志昂扬、精神饱满。

如上所述，这种思维方法看上去确实并不高深莫测，但在实际运用的过程中，其效果却会出现一定的个人差异。究其原因，这与目标的实际完成情况有着密不可分的关系。下面，就让我们具体地考察一下这种逆向思维的使用技巧，同时，对导致这种差异的原因进行仔细探究。

要制定更高的目标

从目标出发进行逆向规划时，我们首先需要设计出一个合理的目标。显而易见，如果一开始就制定了一个不恰当的目标，那么即使我们从这一目标出发，精心设计出了各个中间步骤，也很难得到十分理想的结果。在制定目标时，我们经常会出现以下这两种失误：

- 目标制定得过低（进行了自我妥协）。
- 目标制定得十分模糊。

前者是将目标设定得低于自己实际能力的一种失误。这就好比一个运动员在百米赛跑中能跑出 10.05 秒的成绩，但他为自己设定了 11 秒的目标。

之所以会出现这种失误，有可能是因为我们设定目标时没有正确把握自己的实际能力，也可能是因为制定者本人并不愿意付出太多的努力等。有时，这种失误不仅限于对自己的个人规划，在完成领导分配的工作时也会出现类似情况。不得不承认，人有时会产生惰性。即使知道付出努力就会有所收获，人们往往还是会陷入自我妥协的泥潭之中。但是，如果我们经常以这种姿态处理问题，自身能力就会逐渐减退，同时别人对我们的评价也会随之变差。久而久之，原本具备的各项能力也会最终全部消失得无影无踪。因此，在设定目标时，我们要对目标的高度给予特别的把控。

为了避免上述现象的出现，我们应该正确把握自己的实力。同时，我们还要时刻追求更好，避免受到惰性的影响。

可以说，相比之下，后者需要我们付出的努力会更多一些。简单来讲，我们可以通过自问自答的方式，审视自己做出的选择是否正确。比如问问自己：

“我有没有妥协？”

“五年后的自己在面对现在的自己时，是会大加赞扬还是批评斥责？”

“在人生将要结束时，我能够问心无愧地对自己说一句‘我一生过得真是无怨无悔’吗？”

“我真的满足于别人对我的现有评价吗？”

……

从某种意义上讲，在这种自问自答的过程中，对于“遗憾”的这种感知能力是我们成功的关键。

要制定具体的目标

充分发挥想象力，尽可能地制定出一个具体的目标，也会对我们的成功起到至关重要的作用。实现目标具体化的关键在于，设定一个明确的期限和一个具体的完成数量。在此基础上，我们还需要将目标形象具体地描绘成一幅蓝图。

假设我们制定了一个这样的职业目标：在 35 岁之前，至少能够在一个超过百人的企业里担任某一高管职位。有了这个明确目标，我们还需要客观地评估自己的实力，并对当前的社会环境进行全面地了解。这就好比企业在制订发展规划和市场战略时，需要对整个市场、竞争对手及微观环境等诸多因素进行综合评估。虽然当社会发展受技术发展的影响而呈现出指数函数式的变化时，我们很难对其作出准确预测，但是尽可能地想出对策仍是不能懈怠的一项重要工作。

换言之，合理制定目标的关键在于，在客观评估周围环境的基础上，找到一个有意义的并可以通过一定努力就能实现的合理目标。此外，如果这一目标需要其他人的协助，那么我们还需要考虑如何提高他们的工作热情，使其与我们一起向着目标努力前进。

为此，我们需要在考虑到自身利益的同时，努力找到一个有利于全体社会的课题。也就是说，如果我们为某一目标赋予了高度的合理性，实现该目标的过程中所需经历的那些

"故事情节"（详见第 21 章）就会充满极高的现实性。

此外，当前制定的目标得到实现后，我们自然会迎来更远的长期目标。**这时，考察二者是否具有足够的统一性就变得十分重要。**事实上，对大多数人而言，人生的道路并不会十分平坦。有些人即使考入了医学专业，将来也不一定就能够顺利成为一名医生。人们在经历曲折时，多半会对自己的长期目标进行相应的修正。因此，我们在整合当前目标和长期目标时，还需要具备灵活思考的能力。

将目标划分为几个具体的任务

假设我们制定了一个这样的减肥目标：在夏天到来之前减掉 5 公斤，练出腹肌，找回穿泳装的自信。那么，为了实现此目标，我们都需要做些什么呢？

相信大家会想到很多不同的方法。比如控制饮食，进行适量运动或健身训练等，但关键在于要将目标进行量化。有了一个具体数字后，我们就可以更好地将这一目标划分为各个具体任务。在此基础上，为每个任务设定一个明确的期限，就可以使我们的计划更加具体。

但是，在实际工作中遇到的问题不会像减肥这样简单。通常，我们需要从更多的选择中进行取舍。就像上面列举的那个职业目标一样，阶段性目标的划分会因人而异，每个人的选择也会有所不同。也许有些人会中途选择换工作，而另外一些人则会选择和朋友一起创业。此外，通往目标的道路往往并非只有一条，有时换一个努力方向同样可以实现这一目标。

世界上没有绝对的事物，制定目标也是如此。我们应该多准备几种选择，并从可行性、风险性及趣味性等方面，对每一个选择进行评价。同时，为了防止遗漏某些选项，我们还可以通过绘制逻辑树状图（详见第 27 章）来检查是否存在被我们忽略的方法论。我们必须意识到，人们往往会在想到了第一个选项后就停止继续思考，这会导致我们遗漏更有效的解决方法。

所以，在对某些重大事项进行抉择时，我们需要培养自我反省的习惯。比如，问问自己“还有没有其他选择”，看一看“还有没有遗漏”，思考一下“需不需要扩大考察的范围”，等等。换言之，只要我们找到一个恰当的方法论，就等于找到了一个更恰当的目标。

- **本章思考工具的最佳使用时机**

  想要厘清办事顺序、提高工作成效时

- **让你能够胜人一筹的 3 点诀窍**

  ❶ 发挥主动性，为自己制定更高的目标。

  ❷ 量化目标并对其进行具体想象。

  ❸ 寻找最佳的方法论。

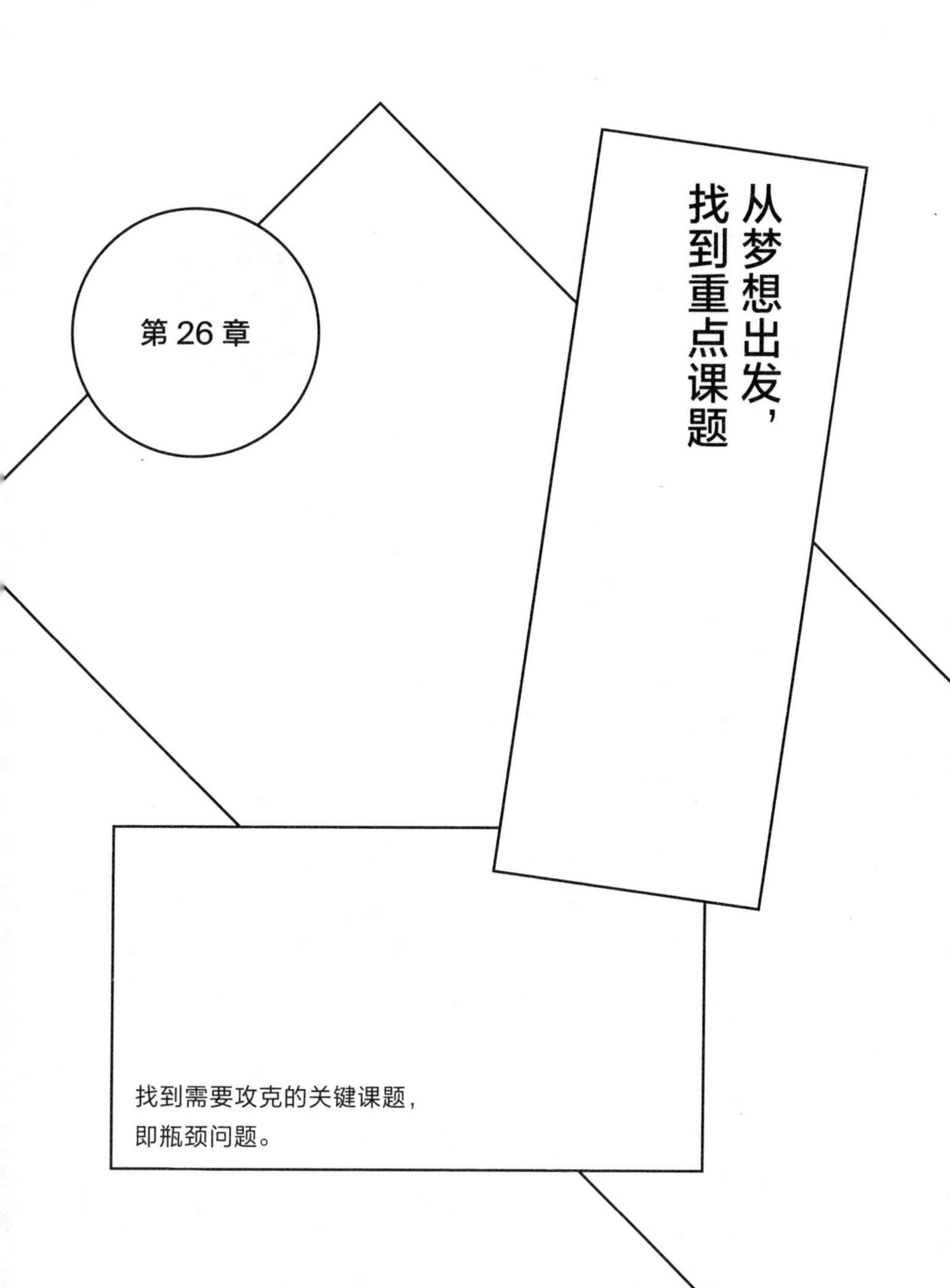

第 26 章

从梦想出发，找到重点课题

找到需要攻克的关键课题，
即瓶颈问题。

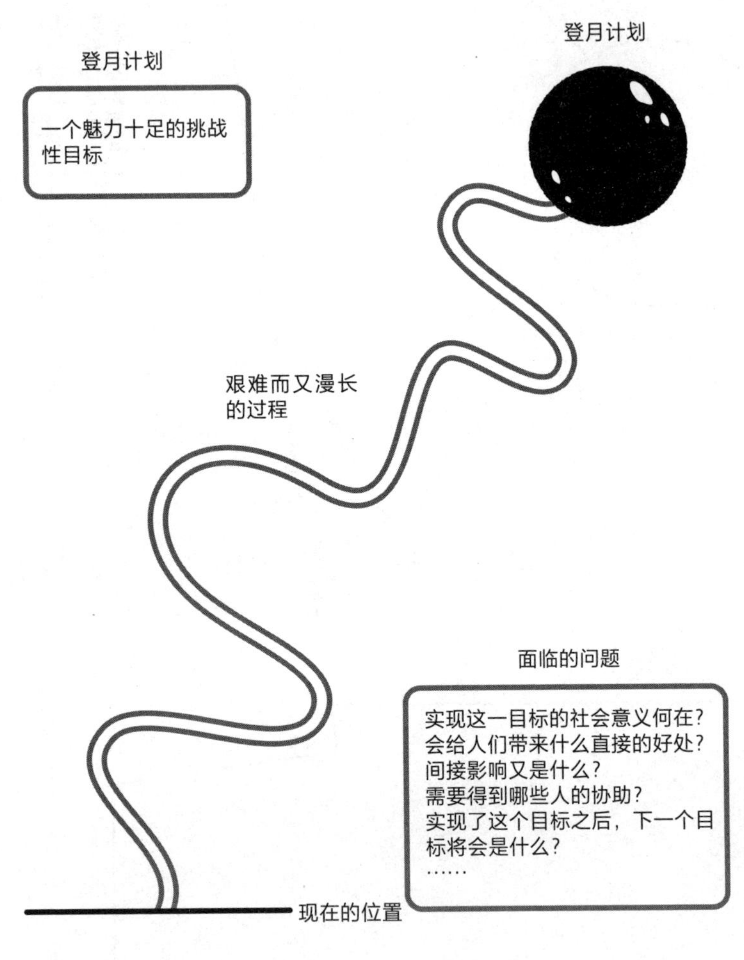
登月计划
一个魅力十足的挑战
性目标
登月计划
艰难而又漫长
的过程
面临的问题
实现这一目标的社会意义何在？
会给人们带来什么直接的好处？
间接影响又是什么？
需要得到哪些人的协助？
实现了这个目标之后，下一个目
标将会是什么？
……
现在的位置

第 26 章

从梦想出发，找到重点课题

梦想是人类的发展动力

从某种意义上讲，推动人类不断向前发展的是人们对梦想的追求。

早在 15 世纪，欧洲的居民就梦想着能够通过海路抵达印度。在这一想法的指引下，人类进入了地理大发现的黄金时代，同时为美洲大陆带来了翻天覆地的变化。同样，翱翔蓝天的渴望，让人类在克服重重困难之后，最终成功发明了飞机。但在那个年代，即使是物理学的泰斗都不敢相信，比空气重的物体能平稳地翱翔于空中，更不用说是一个沉重的金属飞行器了。但是，莱特兄弟对机身形状进行了多次改造，奇迹般地实现了人类的飞行之梦。

“登月计划”这一名词来源于阿波罗登月计划，用来形容那些极具吸引力的大胆目标。实现这种“登月计划”会给人类带来巨大震撼，也会给人们的生活带来各种各样的附加价值。就阿波罗登月计划而言，在推动电脑等各类电子产品发展的同时，这一计划还对应急食品、头盔等防灾用品的开发产生了巨大的影响。

在实施某项计划前，我们也许很难预测出由此产生的所有附加价值。但是，如果能够对其作出一定程度的预估，在实施这一计划时我们就可以获得更广泛的支持。有时，这种大胆的计划所带来的附加价值我们根本意想不到。比如，实现了阿波罗登月计划之后，美国国家航空航天局（NASA）开始削减预算，将一部分研究人员分配到了金融行业。由于这一结构重组，在20世纪80年代之后，金融工程领域的发展呈现出极为复杂的变化。

“登月计划”的核心在于高度的创新性

制订“登月计划”的理论基础与第25章提及的设定更高目标的方法基本相同。**首先，我们不能追求一个遥不可及**

的幻想，而要选择一个虽然有些难度，但只要付出一定的努力就可以实现的目标。在此基础上，大胆加入一些具有创新性的元素，一个“登月计划”的设计就完成了。就阿波罗登月计划而言，如果其最终目的只是将生物送往月球，它显然不会产生如此强大的社会影响力。因此，将人类送往月球并成功将其送回地球的任务也被编入了这个登月计划中，使这一计划充满了诱人的新鲜感。它不仅引起了天体物理学家与工程师的兴趣，还让医生等相关领域的工作者纷纷参与到这项计划中来。

将“登月计划”的理念运用于商务活动时，除了可以激发某一企业的潜力之外，还可以使社会各界的人士以各种不同的形式参加到该计划之中，最终推动整个社会向前发展。也就是说，除了企业内部的员工，让商业生态系统中的其他成员也能够一同感受到这个目标的意义，并使他们的特长得到有效的发挥，这才是制订“登月计划”的关键所在。

阿尔法贝特公司（Alphabet）就运用这一经营理念，制订了相关市场战略并获得了成功。公司提出了一个“整理信息”的创新概念，成功吸引了大量 IT 工程师加入其团队，这为该企业注入了强大的发展动力。同样，诺基亚提出的“手机连接你和我”的创新理念，也让该公司一度占领了全球 40% 的手机市场。非常遗憾的是，随着智能手机的问世，老式按键手机（功能手机）逐渐失去市场，诺基亚最终退出了手机行业。

当企业有了一个类似于“登月计划”的战略目标之后，员工的工作热情也可以得到有效的提升。比如，迅销公司与日本电产就分别打出了“创收 5 万亿日元”和“创收 10 万亿日元”的目标。事实上，以二者现阶段的销售收入来看，这样的目标显得有些过于宏伟。但是，对于员工来说，有了这一目标之后，他们就会纷纷思考如何打破常识、创造奇迹，整个企业的凝聚力也会随之得到大幅加强。

关注目标的社会意义

为了获得更广泛的社会支持，目标并不能只是单纯提高市值或市场份额。相比之下，目标的社会贡献度更容易成为人们关注的重点。

比如，如果有人提出要将劳动人口年龄提高到 80 ～ 90 岁，大家的第一反应是这个提议有些荒唐。但是，如果考虑到未来社会的人口老龄化问题及缺乏年轻劳动力的现状，这一提议就会变得极具吸引力。当然，在实现这一目标时，我们可能会遇到很多困难。但是，就其目的而言，相信很多人都会表示支持。

支持者越多，办法就越多。借助大家的智慧，我们也许就能够在工作制度等方面做出一些创举。例如，进一步提高用人制度的灵活性；实行两天工作制或扩大线上办公的范围；根据需要，适当借鉴老年人的智慧；创造出一种可以锻炼身体的工作；等等。就像第 12 章所提到的，人的思维会在潜意识的作用下，被常识和一些既有方法所束缚。制定高目标，就意味着人们会对既有方法产生怀疑。**而这种质疑的思维过程恰恰就能激发我们的想象力，促进思维创新。**

当然，在制定目标时，如果每次都去追求“登月计划”，我们也会变得精疲力竭。通过观察企业发展速度及其竞争力的变化等因素，我们选择一个恰当的时机提出“登月计划”，可有效激发员工的潜能，使企业创造出前所未有的惊人成绩。

认清发展瓶颈

在我们实际着手落实“登月计划”时，就会发现影响其进程的瓶颈究竟存在于哪个环节。这也是制订“登月计划”的一个好处。如果这个瓶颈存在于技术方面或某个专业领域，我们还是可以根据情况采取相应对策的。但是，如果其中涉及了一些法律制度或是社会意识方面的问题，解决起来就会有些难度。日本就有很多最终被搁置的项目工程，而这些项目其实并不存在技术方面的难题，其瓶颈都在于高昂的土地使用费或是权利归属等类似问题。

比如，“将企业所有管理岗位中的女性用人占比都提高到 50% 左右”就是一个很好的例子。这个目标听上去似乎十分吸引人，但大家有没有想过实际实施起来会遇到哪些瓶颈呢？初步估计需要解决以下两个方面的问题：首先，需要国家对产假的相关法律及重新聘用制度进行修改；其次，需要转变企业对女性员工持有的某些负面看法。

此外，家庭中男女分工的有关问题也是我们需要解决的。虽然在双职工家庭中，家务分工已经趋于平等化，但是相信在日本还有很多人依然认为做饭是女性的工作。可以说，如果这些问题不能得到有效解决，我们就很难实现上述目标。

但是，就像“一日三餐”这种固有观念一样，这些问题其实可以通过改变既有的常识得到解决。比如，我们可以借鉴欧美的简餐文化，改变现在的饮食习惯；开发出某种能够满足人体全部所需的综合营养素，等等。

同时，在日本，人们通常会认为，男方需要到另一个城市工作时，女方应该配合男方，辞掉自己的工作，随同男方一起调离。要解决这一问题，也许我们不仅需要改变固有认识，还应利用网上办公等手段，对异地工作调动这一制度本身作出根本性的改革。事实上，虽然在 2020 年我们受到了新型冠状病毒感染的严重影响，但这次疫情也有效证实了网上办公的便利性。

如果说新型冠状病毒感染以一种意外的形式为我们带来了一场办公革命，那么要想以主动的形式实现某一“登月计划”，我们就应该在高喊那些“应该这样、应该那样”的大道理之前，仔细思考一下，究竟是什么阻碍了我们前进的步伐。

- **本章思考工具的最佳使用时机**

  摆脱既有方法论的束缚、实现突破性改革时

- **让你能够胜人一筹的 3 点诀窍**

  ❶ 提高目标的创新性与吸引力。

  ❷ 加强目标的社会意义。

  ❸ 认清阻碍实现目标的真正原因。

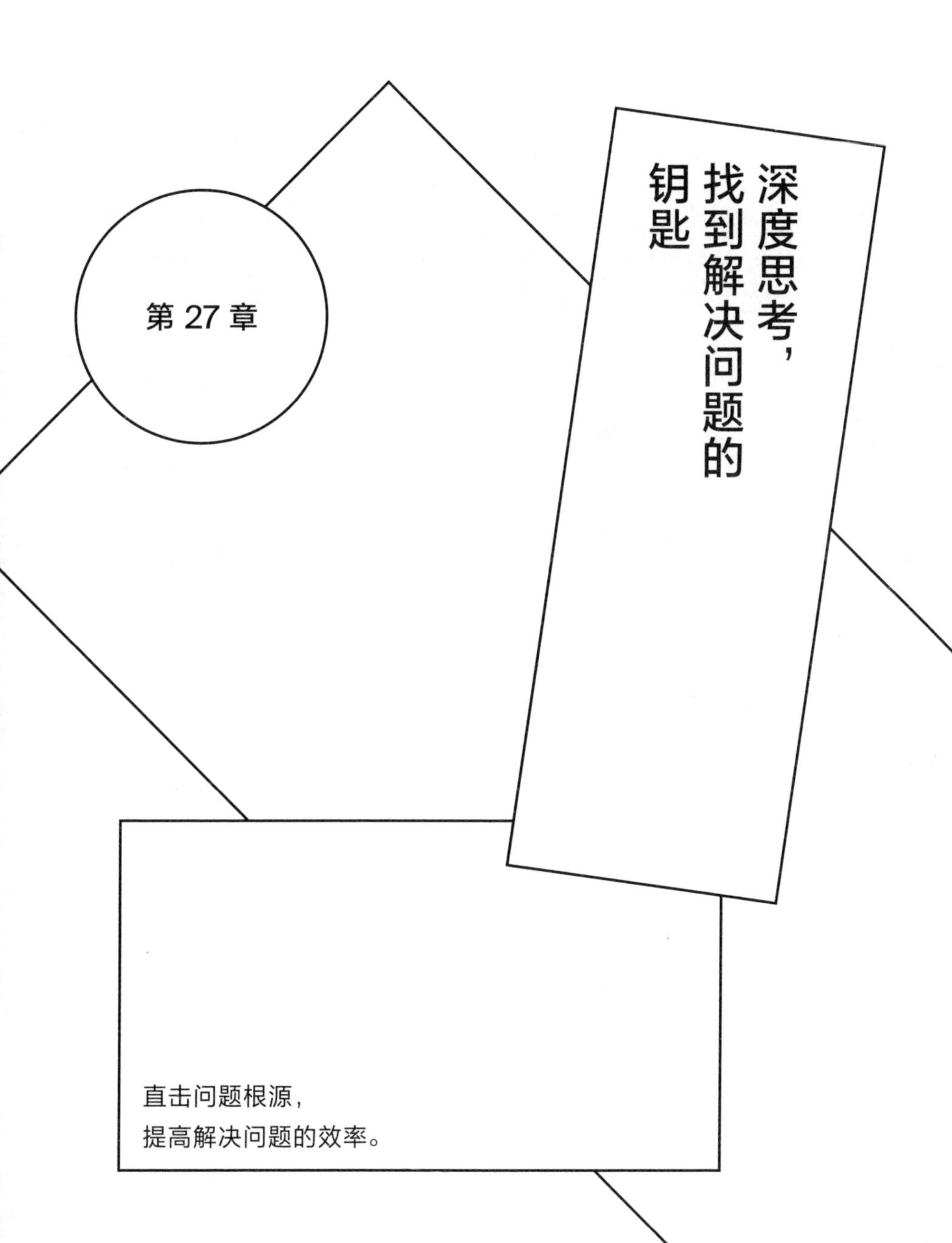

第 27 章

深度思考，找到解决问题的钥匙

直击问题根源，

提高解决问题的效率。

WHAT? 确定课题

WHERE? 找出问题点

WHY? 解析原因

HOW? 思考对策

第 27 章

深度思考，找到解决问题的钥匙

任何问题都存在根源

通常，在遇到问题时，人们看到的往往是其表象，只有通过深入分析，我们才能找到问题的根源所在。下面就让我们以高血压为例，思考一下这个病症的根源。通常我们认为，血管狭窄、血液黏稠等因素是导致高血压的直接原因，因此患者只要服用可以降低血液黏稠度的药物，高血压的症状就可以得到一时的改善。但是，这些治疗方法可谓治标不治本，不从根本上进行改善，患者的血压还会再次升高。

这时，我们就需要进一步思考血压升高的原因。通过这种深入分析我们可以发现，平时摄取的盐分过多、肥胖及缺乏运动等因素才是导致高血压的根本原因。换言之，只要我们改善饮食和生活习惯，就可以控制血压的升高。此外，我们还可以继续深入反思，是什么导致了盐分的过度摄取、肥胖及缺乏运动。这种深度思考，可以让我们一步步地逼近问题根源。在对问题进行了一定程度的深入解析后，我们就可以寻找相应对策，使问题得到有效的解决。

合理利用逻辑树，学会询问为什么

在寻找问题根源时，逻辑树是一种常见的分析工具。通过绘制逻辑树，我们可以将各个候选原因进行分类，并且按照MECE分析法[①]，毫无遗漏、毫无重复地罗列出可能导致该问题产生的所有原因，最终找出问题根源。在利用逻辑树分析问题时，我们首先需要找出其中的主要问题点（Where），再对其产生的原因（Why）加以细致的思考，如图27-1所示。

在分析问题时，制作逻辑树既可以避免出现严重的疏漏，引导我们找到问题的本质，又可以引导我们找到更多的解决方案（How）。这也是逻辑树分析法的几个重要作用。

① MECE是Mutually Exclusive Collectively Exhaustive的缩写。MECE分析法是一种把信息不重不漏地加以分类的信息组织原则。——编者注

第 27 章

深度思考，找到解决问题的钥匙

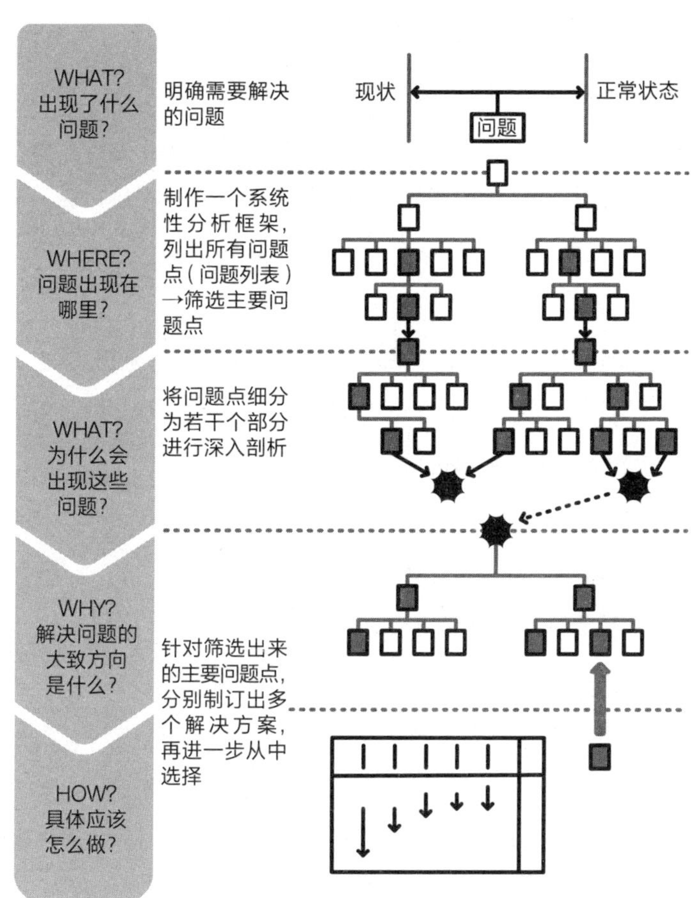

图 27-1 逻辑树

除了逻辑树以外，还有一个既简单又有效的分析方法，就是“询问为什么”。针对最关键的问题点，通过不断询问为什么，我们可以更准确地找到问题产生的深层原因。运用这一方法就相当于对逻辑树中最核心的那条分枝进行深入解剖。以提高英语成绩为例，其思考过程可以简单示意如下：

“为什么我家孩子的英语成绩总是提高不上来？”

“因为他学习英语的时间不够长。”→“为什么他没有在学习英语上投入足够的时间？”

“因为他没有认识到学习英语的意义。”→“为什么他没有认识到学习英语的意义？”

“因为他没有亲眼看到需要使用英语的场景。”→“为什么他没有亲眼看到过需要使用英语的场景？”

“因为家长和老师没有给他提供相应的环境。”

也许我们还可以继续挖掘下去，但仅凭上述问答我们就可以找到一些颇有成效的对策。比如，如果家长会说英语，就可以用自己的亲身体会告诉孩子学习英语的重要性。相反，若家长没有英语基础，则可以将自己作为反面教材，告诉孩子不会英语会带来什么负面影响。相信这样一来，孩子对英语的兴趣会得到一定程度的提高。通常我们认为，能激发学习动力的两大要素是“收益感”（感受到实际作用）与“危机意识”。因此，只要我们能够对这两个方面进行适当的刺激，孩子的学习动力就可以得到有效的提高。

可以说，对原因的深入思考是以上介绍的分析方法及方法论的共通之处。

缜密的思维是找到问题根源的关键

通常，原因与结果之间存在着一种延迟（时差），这是需要引起我们高度重视的一个问题。比如，发现企业的关系客户有所减少后，我们往往会把注意力放在竞争对手的力量变化或去年实施的某一失败的企业战略等近期发生的事情上。但是，经过仔细分析我们就会发现，这些事情有时只不过是一个导火索。实际上，这些客户很可能在很早以前就已经产生了不满情绪。随着时间的推移，客户的不满情绪逐渐累积，最终选择了与企业中断贸易来往。

这时，如果我们继续展开分析就会发现，客户产生不满的原因可能来自客户窗口频繁更换等企业自身的相关制度。假设问题的根源确实存在于此，我们就可以针对这一问题采取相应的对策。比如，加强工作交接的力度，或者对现行客户分配制度进行调整，等等。

进行深层分析时，我们需要理清相关利益方的关系结构。同时，我们还需要培养不断反思的习惯，想一想现阶段找到的这些原因究竟是不是问题的真正原因，看一看是否还存在其他深层原因，等等。

通过敏锐的观察力看透他人内心

深入剖析时我们还会发现，问题的根源有时还可能存在于某些个人想法或对某件事情的执念上。而如果这些个人想法或执念源于嫉妒、憎恨等负面心理活动或性格等因素，问题解决起来就会比较困难。这一规律不仅适用于个人，也适用于民族对立等类似问题。

嫉妒心理有时会给我们带来巨大的成长动力。从这个意义上讲，我们并不应该完全否定其积极作用。但是，当其他人将嫉妒深深地埋藏在心中，表面却显露出一副十分平静的样子时，我们就很难找到有效的对策了。这是因为，如果问题根源存在于某人的内心深处，对于旁观者而言，看透其内心是极其困难的。在这种情况下，如果我们贸然采取行动，反而可能将事态弄得更糟。

一个人的性格也是如此。虽然通过观察对方以往的言行，我们可以对其性格特点作出一定程度的推测，但是，对方十分在意的细节，往往是我们很难察觉到的。所以，一个人的深层性格也会成为阻碍我们找到问题根源的因素。

虽然看透一个人并不是一件轻而易举的事情，但是我们还是可以利用一些技巧提高自己的感知力及洞察力。比如，我们可以通过一些间接的方法，提出某种假设并对其进行验证，从而接近问题的本质。

- **本章思考工具的最佳使用时机**

  提高解决问题的效率时

- **让你能够胜人一筹的 3 点诀窍**

  ❶ 牢固掌握基础分析工具。

  ❷ 注意原因与结果之间的延迟。

  ❸ 提高对他人内心活动的洞察力。

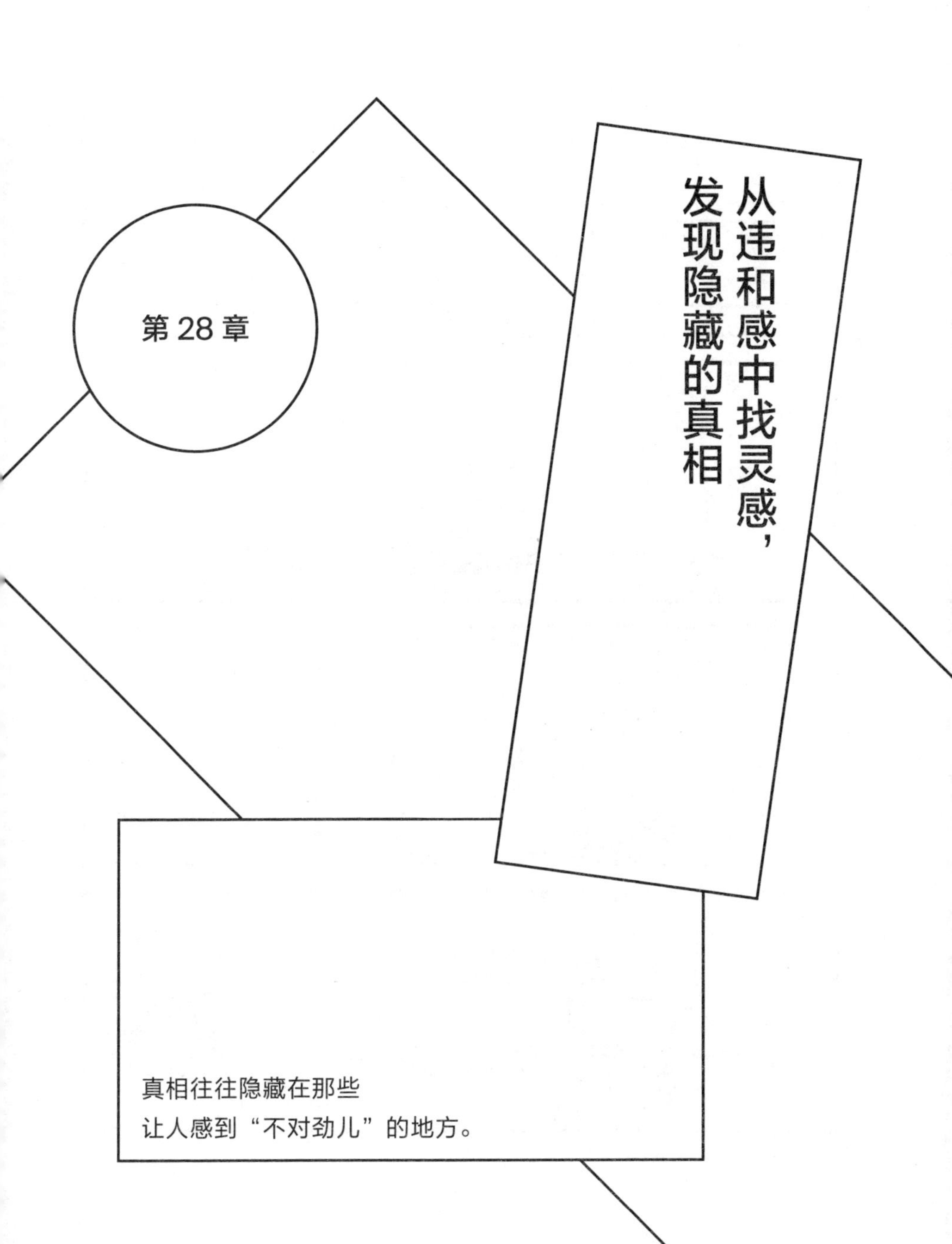

第 28 章

从违和感中找灵感，发现隐藏的真相

真相往往隐藏在那些
让人感到“不对劲儿”的地方。

最近我总觉得，一直和我们进行贸易往来的C公司有些想要疏远我们的意思。虽然他们的购买量并没有什么明显变化，但从每次谈话的口气中，总能感到有些不对劲儿……
你去查一下C公司的采购总额！
赶快！
是！我马上就去！

查到了！
这……这么快！

原来如此。也就是说，您的这种违和感还挺重要的！
果然，C公司在我们公司的消费占比确实有所减少。而且，他们公司的采购总额呈现出了明显的增长趋势，但从我们公司采购的商品金额没有增加太多。嗯，这个问题确实应该引起我们的重视。

我现在就去拜访一下C公司，看看能不能探出个究竟！
他确实成长了不少啊……

第 28 章

从违和感中找灵感，发现隐藏的真相

感到“不对劲儿”就意味着存在问题

可以试想一下，如果这个世界一直不发生任何变化，人们每天都过着日复一日的生活，我们也不会遇到任何不对劲的现象。同样，如果所有事情都能如我们所愿，抑或我们可以随意回到过去重新选择，想必也就没有人会感到不舒服。

但事实上，我们会在生活中感受到各种各样的违和感。如果有人说他并没有感到生活中有什么不舒服的地方，那是因为在经历了众多坎坷之后，他已经适应了这种不舒服的感觉，以至于忽视了这种感觉的存在。大多数情况下，这不会给我们的生活带来任何影响。但是，其中也存在我们不能忽视的违和感。

对于那些可以左右局势发展的重大问题，能否发现隐藏在其中的违和感，会对我们的工作效率产生巨大的影响。

“违和感”会成为某些重大变化的前兆

事情无论好坏，都会有一些前兆。比如，在大地震发生之前，往往会出现一些小规模的地震。同样，如果发现员工在工作中出现了一些小失误，而其发生频率又由原来的10天一次增加到了一周一次，我们就要提高警觉，思考一下是不是公司的风纪出现了松懈，会不会由此引起重大事故，等等。也就是说，我们需要高度重视平时感受到的那些违和感，提前做好应对风险的准备。

但是，人们往往会对事物进行合理化解释，这也是人的一大思维特点。这种思维特点是指对于客观存在的风险采取一种过度乐观的态度，认为意外不会那么容易发生，即使意外发生了也会很快恢复到正常状态。其实，人的这一特点也属于一种自我保护，是经过长期进化形成的。可以想象，如果每时每刻都保持着高度紧张的状态，人的身心也会受到不良影响。特别是在出现了某些异常信号而实际却并没有产生任何不良的结果时，人的这一思维模式就会得到强化。随着侥幸成功的次数不断增加，这种思维模式也会逐渐固化。

比如，假设在体检时被查出大便潜血为阳性。众所周知，大便潜血是判断大肠癌等疾病的一项重要指标，但有时也会出现假阳性的结果，我就有过几次假阳性的经历。对于这种检查，人们在第一次看到阳性结果后通常会十分重视，并会积极接受肠镜等精密检查。但是，在经历了多次假阳性的结果之后，人们就会放松警惕，放弃接受进一步的检查。同样，头疼、头晕也是如此。最初感到不适时人们还会十分担心，但经过多次不治自愈的经历后，他们就会把这些身体症状当成一种正常的生理现象。

但是，这些被忽视的异常信号中，往往存在着一些真正的风险前兆。商业活动也不例外。

想要对这些风险信号作出正确的判断，我们就需要仔细观察存在于这些违和感之间的细微差别。比如，我们经常会遇到主推产品市场占比下滑的问题。但是，如果发现这次下滑的速度比以往快很多，或回升速度明显变慢等情况，我们就应该对其原因进行认真排查。如果无法迅速找到一个合理的原因，我们就需要对此问题进行一次彻底的调查，直到找到问题根源。

在商业活动中，准确判断违和感的关键在于与他人的交流。比如，要想解决销售收入的问题，就需要倾听消费者的声音；要想及时发现下属的变化，就需要平时多与他们进行有效沟通。

找回儿时的好奇心

著名社会学家马克斯·韦伯曾经说过一句话，其主旨是：对点滴小事产生好奇心，是一个学者需要具备的重要才能之一。这是因为，容易被人们忽略的那些细微的违和感往往会引导我们发现“新大陆”。

旗下拥有优衣库等众多零售品牌的迅销公司也选择了一个与众不同的决算方式：8 月决算。很多人对此感到十分惊讶，但不会继续追问为什么。事实上，迅销公司之所以会在 8 月进行决算，是因为 8 月对于零售业来说是一个比较闲暇的时期，再加上这个时期会举行很多促销活动，商品库存也会大幅缩减，此外，夏季衣服单价低廉也是原因之一。因此，选择在这个时期进行决算，可以起到收缩资产负债表的效果。如果我们知道了这个原因，就可以重新审视自己的企业，看一看是否需要对现行的 3 月、12 月决算进行相应的调整。

再举一个例子。我平时喜欢看美式橄榄球比赛，但一直都很好奇，为什么超级碗总决赛的届名要用罗马符号表示，比如，第 53 届超级碗就会表示成“Super Bowl LIII”。后来查阅了相关资料才知道，在欧美文化中，人们习惯用罗马数字表示那些具有特殊意义的活动或人物的排序。比如，第二次世界大战会表示为“World War Ⅱ”；拿破仑三世会表示为“Napoléon III”；等等。如果我们将从中获得的灵感恰当地运用到商品命名上，也许就可以在激烈的市场竞争中让自己的商品脱颖而出。

相信大家在小的时候都曾经对这个世界充满了好奇，但是，这种心态会随着年龄的增长而渐渐消失。也许，当我们成人之后，提出一个平凡的问题或大胆说出自己好奇的点会让我们感到十分尴尬。但正因为如此，这种好奇心往往就会成为我们发现问题的那把金钥匙。

灵感往往隐藏在“理所当然”的事物中

曾经流行过一个市场营销的术语，叫“消费者洞察”①。这一概念其实也与违和感有着紧密的联系。

比如，我家的冰箱里放着三种不同包装的茉莉花茶。一种是瓶装的，一种是纸质包装盒的，还有一种是用茶包泡的。我对此从来没有感到奇怪，但有一次，一个朋友好奇地问道：“为什么你要放三种茶在冰箱里？”这时，我却没能立即想出答案。其实，我也只是根据心情，有时喝瓶装的，有时选择其他两种，但让我感到不可思议的是，自己也无法解释为什么自己会有这种习惯。也许，在分析了我的深层心理之后，大家就能获得一些市场营销领域的新灵感。

① 这一概念主要是指如何将消费者的潜在需求有效地转化为实际购买行为，广义上指消费者自身都没有意识到的潜在消费心理。

同样，在 KTV 刚刚问世的时候，大家喜欢拉上很多朋友一起去唱歌。但现如今，一个人唱 KTV 反而成了一种潮流。可以说，单人 KTV 的广泛流行，正是源于一些人不适应多人 KTV，感到违和。调查人员同时发现，选择一个人唱 KTV 的消费者的潜意识里，存在着一种不愿意被别人打扰的深层心理。

此外，在日本深受幼龄少女喜爱的《光之美少女》系列动画，也可谓是这种违和感的一种产物。在以往面向幼龄少女的动画中，主人公通常是以一种十分乖巧的形象出现的。随着时代的发展，这种传统少女形象逐渐给人们带来了一定的违和感。《光之美少女》系列就巧妙地利用了这一违和感，提出了“少女也需要叛逆”这一动画主题，并因此获得了前所未有的成功。从此，主推乖巧女孩形象的传统动画渐渐淡出人们的视线，喜欢叛逆少女主题的观众越来越多。

所以，如果看似普通的现象产生了某种违和感，往往我们就可以从中捕捉到某些宝贵的灵感。

● **本章思考工具的最佳使用时机**

先发制人，寻找富有创意的灵感时

● **让你能够胜人一筹的 3 点诀窍**

❶ 关注发生的变化。

❷ 不放过任何平凡的问题。

❸ 培养对于违和感的敏锐感知力。

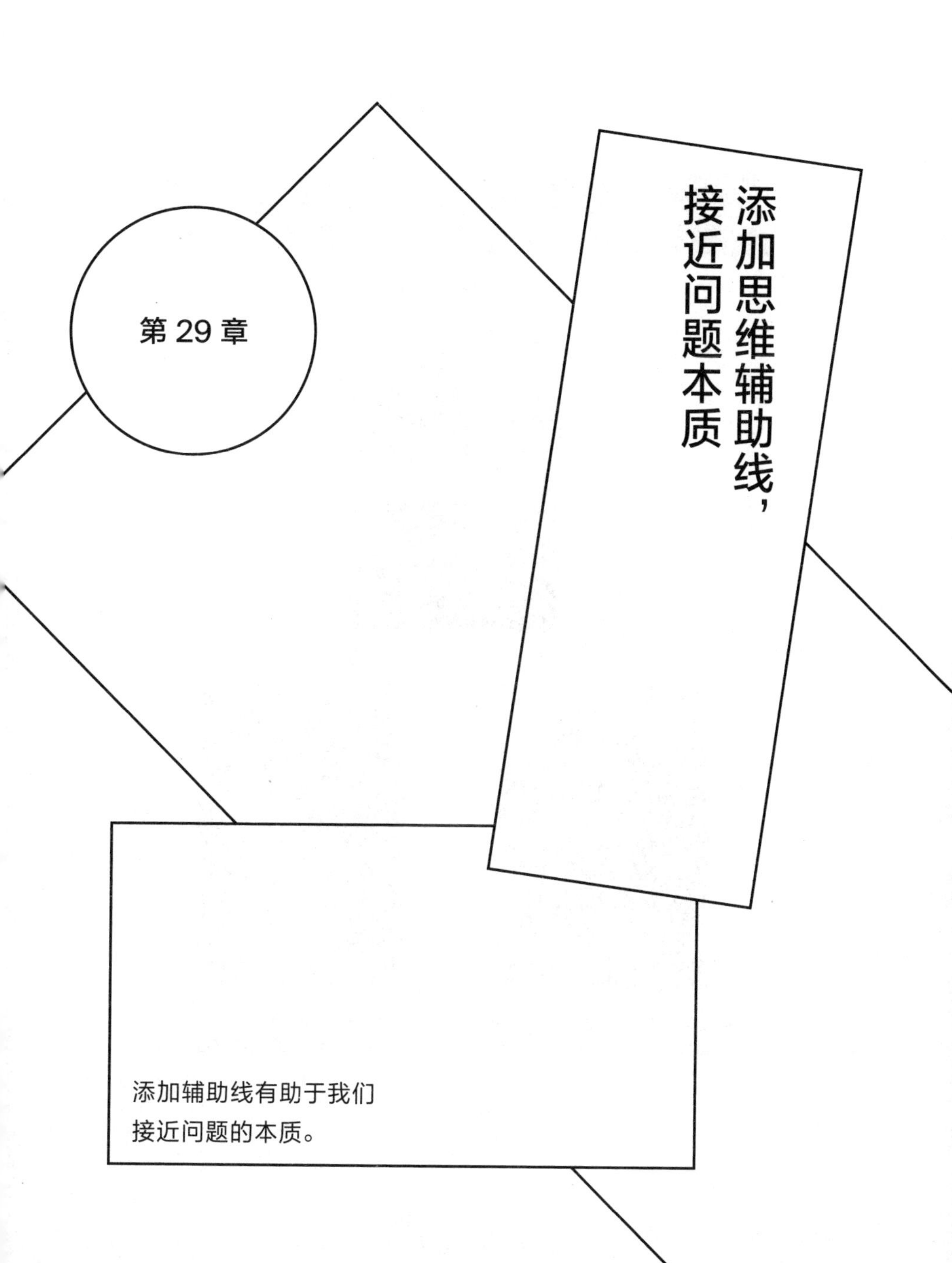

第 29 章

添加思维辅助线，接近问题本质

添加辅助线有助于我们
接近问题的本质。

添加辅助线后，我们可以看到一个截然不同的世界

著名油画作品《蒙娜丽莎》

在中央添加一条辅助线后，就可以看出左右构图的不同之处

与习作进行比较后，就有可能发现作者最初的创作意图

第 29 章

添加思维辅助线，接近问题本质

添加思维辅助线，提高工作效率

“辅助线”原本是一个数学名词。特别是在研究几何问题时，在原有的几何图形上添加几条辅助线，有助于我们找到正确的解题思路，加快解题的速度。如图 29-1 所示的这道题，在平行四边形 ABCD 中，AE：EB ＝ 1：3，AF：FD ＝ 1：1。求 EG：GC 的值。

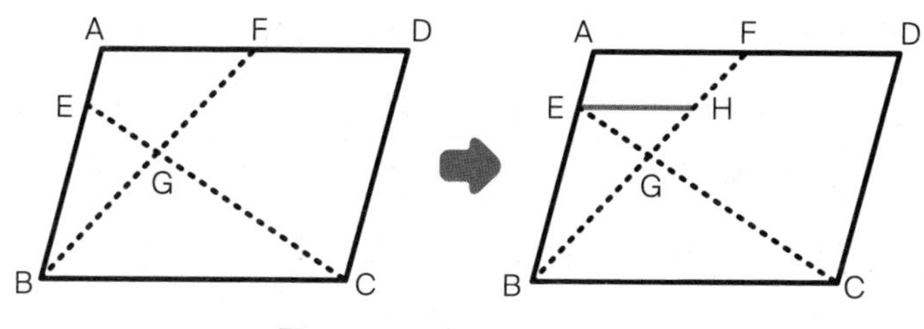

图 29-1　添加辅助线的例子

如果从 E 点添加一条平行于 BC 的辅助线 EH，就可以算出 AF：EH = 4：3。假设 BC（AD）边长为 1，就可以算出 EH = $1 \times \frac{1}{2} \times \frac{3}{4} = \frac{3}{8}$。所以，EG：GC = $\frac{3}{8}$ ：1 = 3：8。

同样，当在商务工作等实际生活中遇到难题时，我们也可以采取类似的应对方法。增加信息量、转换视角或寻找参照物等方法都可以激发思维活力，提高我们解决问题的效率。在这里，我们将这些方法称作“添加思维辅助线”。添加思维辅助线的思维方法与第 23 章中涉及的转换视角有着许多共通之处，我们也可以将其看作后者的升级版。添加辅助线可以让我们获得更多的灵感，拓宽我们的视野。

迅速找到原因

下面，就让我们以几个不同领域的规则为例，探讨一下思维辅助线可以发挥的具体作用。世界上存在着各种各样的规则，这些规则中往往包含着很多心照不宣的禁忌事项，也有一些禁忌事项是公开的。相信大家都曾对这些默认的禁忌感到过好奇。有时，借助几条思维辅助线，我们就可以轻松地找到其中的答案。

比如，有些宗教严禁人们崇拜偶像。作为一个深受佛教文化影响的民族，日本人就会对这种禁忌感到十分不解。那么，这些宗教究竟为什么会禁止对偶像的崇拜呢？

在揭晓答案之前，我们再来看一个日本的传统习俗。日本民间流传着一种说法：夜里剪指甲，就见不到父母最后一面。虽然近几年很少听到这种说法了，但还有一些人沿袭了这个传统，至今还不敢在晚上剪指甲。

下面，就让我们将以上两个规则联系起来，思考一下如果打破了其中的禁忌，人们会受到怎样的负面影响。

崇拜偶像后，人们的行为究竟会发生哪些变化呢？可想而知，很多人就会像拜佛一样，对偶像奉若神明。可以说，如果偶像崇拜仅停留在这个程度，也许不会给我们的生活带来太多的影响。但是，如果这种崇拜心理愈演愈烈，就会出现利用这一心理谋取私利的人。需要强调的是，这里指的不是拜神行为本身，而是指有些人会利用人们的这种崇拜心理谋取个人利益。毋庸置疑，对于虔诚的信徒而言，这是一种绝对不可容忍的恶劣行为。

那么，夜里不剪指甲的风俗中又隐藏着什么玄机呢？据相关专家分析，这一俗语最初出现在还没有电灯的时代。由于当时光线不足，夜里剪指甲就很容易受伤。如果伤口感染了细菌，就会导致化脓等严重后果。而在当时，农业是社会生产的一大支柱产业，对于那些从事农业生产的人来说，手脚受伤就会严重影响工作。所以，为了提高人们的警惕，告诫人们尽量避免在夜里剪指甲，古人才在编这条俗语时特意编造了可怕的后果：见不到父母最后一面。

通过对上述两个规则的分析，我们可以看出，世界上存在的这些禁忌通常都可以有效地避免某些不良事态的发生。这也就很好地解释了为什么美国职业棒球大联盟中也会存在一些类似的默认规则，比如，在参赛双方得分差距悬殊时，一般不进行盗垒等。可以说，正因为有了这些规则，年轻气盛的球员之间的激烈冲突才得以有效避免。

用辅助线将两个看似毫无关系的事物连接起来

上述两个例子都属于人们制定的某种禁忌。其实，当将两个看似毫无关联的事物用辅助线连接起来时，我们也会找到一些新的启示。在这个过程中，对事物的高度抽象就成为关键所在。换言之，在用辅助线连接两个事物时，我们自身的归纳思维水平需要有质的提升。

下面，就让我们练习一下如何运用这种归纳思维。比如，订阅式视频服务颇受消费者的青睐，其中主推线上体育节目的 DAZN 公司就凭借其影响力，一跃成为体育数字媒体的巨头。同时，某款与动物交友的游戏也赢得了大量的玩家，一度成为一种社会现象。那么，我们如何在二者之间添加辅助线呢?

二者都属于一种娱乐活动，通过进一步的抽象会发现，“时代特点”也是二者的共同特征之一。换言之，这两种娱乐服务之所以能够成功占领日本市场，正是由于人们在如今的日本社会感受到了一种窒息感。人们为了追求自由与刺激，才选择了这两种娱乐方式。由此可见，在考察问题时，如果我们能够将现象抽象到这种高度，就可以归纳出隐藏在其中的深层特点。从这一特点出发，我们就可以找到具有相同特点的其他商机。

如果我们能够在平时有意识地培养这种抽象思维，就会在不同事物之间发现很多有趣的联系，为自己储备更多的思路。机会总是留给有准备的人，我们储备的思路越多，成功的概率也会越大。

比较对立事物

不知道大家有没有思考过活着的意义。虽然这个问题听起来似乎有些幼稚，但相信即使是具备了一定工作经验的人，有时也会产生这种疑问。作为一个十分重要的哲学命题，人生的意义有着很长的研究历史。

那么，在思考人生意义的时候，我们又应该如何添加辅助线呢？毋庸置疑，“生”与“死”是相互对立的，通过将二者进行对比，我们就可以找到问题的答案。事实上，很多哲学家也采用了这种方式，通过生与死的对比揭示出了人生的意义。

通过添加这条连接两个对立事物的辅助线，我们就可以发现，如果我们回答了“在死之前我们能够做什么”这一设问，就几乎找到了人生意义。也许年轻人并没有对这个问题进行过太多的思考，但是对于我这种已过中年的人而言，这个问题就充满了实际意义。仔细算来，即使我能够一直工作到 75 岁，剩下的时间也不算长了。从这个角度思考问题时，其实质就会变为“我到 75 岁应该做些什么”。获得了一个明确的目标之后，我就能够作出更好的事业规划，度过有意义的余生。

同样，这种思维方法也适用于商务领域。成功与失败是相互对立的，通过研究破产、经营危机引发的业务剥离等失败案例，我们就有可能找到成功的关键所在。同时，破产也存在着多种多样的形式。归纳出其中的共同点，引以为戒，就可以让我们远离失败，提高成功的概率。

- **本章思考工具的最佳使用时机**

  需要拓宽视野时

- **让你能够胜人一筹的3点诀窍**

  ❶ 寻找有效突破口，切入问题本质。

  ❷ 提高抽象程度，用联系的观点看问题。

  ❸ 与对立事物进行比较。

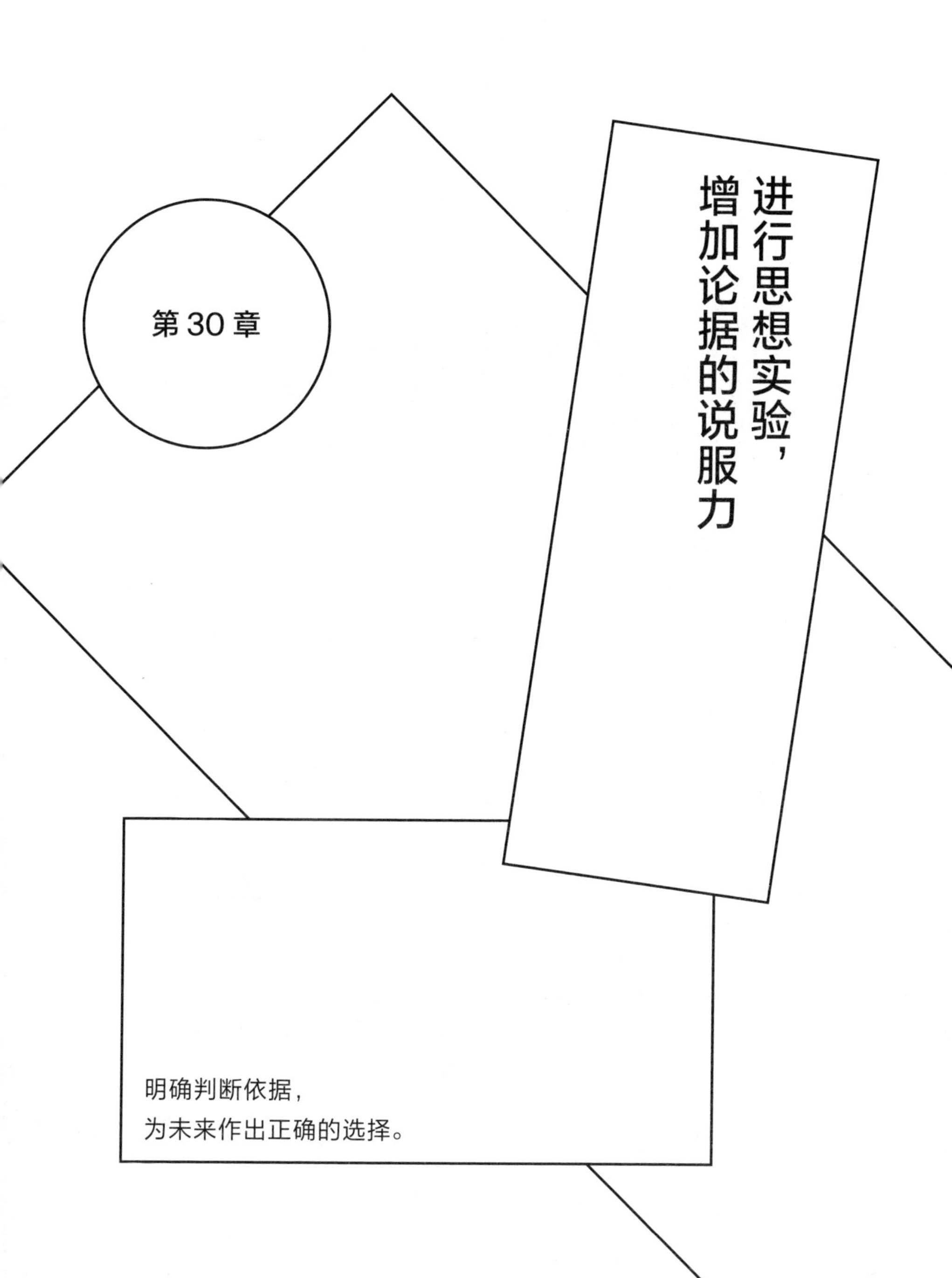

第 30 章

进行思想实验，增加论据的说服力

明确判断依据，
为未来作出正确的选择。

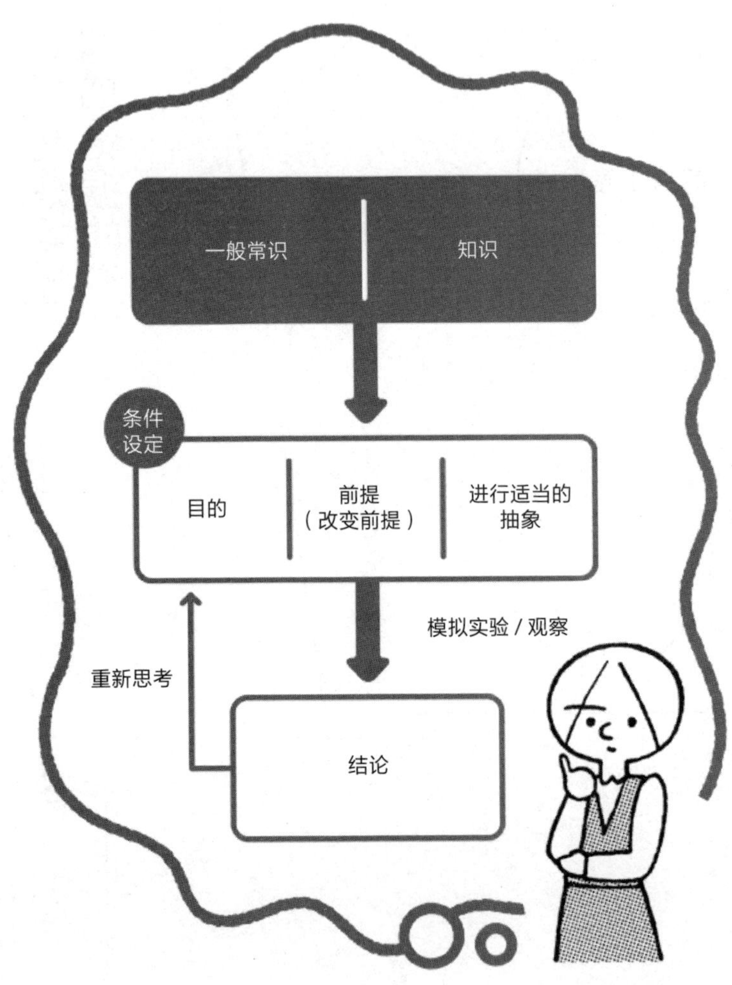
一般常识
知识
条件
设定
目的
前提
（改变前提）
进行适当的
抽象
模拟实验 / 观察
重新思考
结论

第 30 章

进行思想实验，增加论据的说服力

思想实验可以更好地预测未来

顾名思义，思想实验是指设定一个前提后，通过想象在脑海里对其进行模拟实验。在这个过程中，我们会根据各种客观事实进行判断并作出各种假设，然后通过演绎的方法，将有可能产生的结果逐一设想出来。可以说，思想实验与一般实验（科学实验或社会实验）的最大区别在于其不确定性。在进行科学实验时，只要能具备实验与测量的条件，我们就可以得出一个确定的实验结果。同样，社会实验也是如此。与科学实验相比，社会实验较难掌控实验条件，但只要对实验过程和分析方法进行合理的控制，我们还是能够得出一个具有说服力的确定结论。

但是，思想实验只能凭借想象，其结果自然会根据思考主体的不同而出现或多或少的差异。不可否认，当人们用思想实验验证某些科学定理时，不同的人有时也会得出相同的实验结果。比如，伽利略提出了一个理论：物体降落时，并不是重量越大速度越快，所有物体都会以相同的速度降落。就这一问题而言，只要具备了一定的文化水平，人们都会得出相同的结论。我在进行这一思想实验时，首先设想了用绳子将两个轻重不同的物体绑在一起时的情形，然后通过想象其落下的过程得出了实验结论。但是，这种思想实验是极其罕见的，通常不同的人会得出不同的实验结果。

思想实验既有助于我们预测某一新事业的发展前景，又可以像迈克尔·桑德尔在哈佛大学的通识课程“正义”一样，给我们带来大量启示。同时，思想实验也经常被用于一些哲学课题的研究活动。下面，就让我们来看一看，如何利用思想实验来预测未来。

预测未来时，首先要正确把握理论前提

思想实验的作用可以在两种情况下得到充分发挥：第

一，出现重大环境变化后，预测未来发展趋势时；第二，开始一项新事业时。比如，有人就将科幻题材的作品看作是一项关于科学技术创新的思想实验。换言之，科幻作品是以小说或电影的形式，为我们生动展现了科技进步会对未来的人类社会产生怎样的影响。

值得注意的是，为了吸引更多的读者和观众，科幻小说或科幻电影往往会采用较为夸张的描写方法。因此，有些人提出，这样的作品会过度煽动人们的紧张情绪，对社会造成不良影响。比如，在生物学领域，克隆技术可谓一项开天辟地的创新，而其本质与同卵双胞胎并没有什么分别。但是，在科幻小说或电影中，这项技术被夸张地表现为制造出了一个相同人格的复制人，对该技术的错误解读导致人们对其产生了错误的认识。

让我们言归正传，回到思想实验的话题。**在进行思想实验时，要想提高预测的合理性，首先要正确把握理论前提。**比如，日本众议院的小选区选举制度就属于一个思想实验的失败案例，而其失败原因也许可以归结为对实验前提的错误判断。不得不承认，当今日本的议会民主程度不及英国，官僚体制根深蒂固，而且，在野党也缺乏足够的执政能力。在这样一个社会体制下，小选区选举制度反而助长了政治的封闭性，人们对政治的关心程度、参与政治的信心也因此不断下降。不过，虽然还需要付出很多努力，但只要社会的整体环境能够得到改善，议会民主还是能够在日本实现的。

商务领域也是如此。面对重大的制度改革时，我们必须准确把握人的本质，发挥敏锐的洞察力，才能通过思想实验合理地分析出这一改革会对事态发展有何长期影响。

广泛听取意见是关键

在进行思想实验时，广泛听取意见，避免一个人冥思苦想，也是得出合理结论的关键所在。可以说，这些意见都是不同价值观、不同人生经历的具体体现。

假设有人提出，要在某一商店里导入“无条件退货”的制度，大家会如何评价这一提案呢？相信很多人都会担心，如果允许无条件退货，要求退货的顾客就会蜂拥而至，这会引起混乱，也会带来不小的亏损。其实，我也曾有过这样的担心。

但是，相信也有一些人会认为，无故退货的顾客应该不会很多。特别是在日本，对于退货这种事情人们通常会感到不好意思，所以上述那些情况并不会出现。事实上，只要能够采取有效措施，提高产品的满意度，无条件退货反而可以促进产品质量的提升，对商店也可以起到一个良好的宣传效果。

可以说，如果只听取了前者的意见，这个商店就会错失良机，服务的独特性也会大打折扣。因此，在进行思想实验时，我们应该广泛采纳他人意见，深入思考提案的合理性及其必备的前提条件。

最近，无条件基本收入制的提出也引起了世界的广泛关注。对此，我也没能得出一个很好的结论。大家可以尝试利用这一问题，实际进行一次思想实验。

总结历史经验，做到学以致用

进行思想实验时，能否充分发挥以往经验的作用也会对结果产生至关重要的影响。在进行思想实验时，我们应该虚心借鉴历史经验，举一反三，将从中获得的启示迁移运用于现实工作。比如，随着近几年人工智能的飞速发展，很多人都开始担心它会剥夺人类的工作机会。但是，只要回顾一下英国产业革命的历史，比如卢德运动等工人运动，人们在这一思想实验中就能够得出不同的结论。

● **本章思考工具的最佳使用时机**

思考有效对策时

● **让你能够胜人一筹的 3 点诀窍**

❶ 把握正确的理论前提。

❷ 避免单独冥思苦想，防止思想误入歧途。

❸ 虚心借鉴历史经验。

第四部分

获取
灵感的3个
工具

グロービス流「あの人、頭がいい！」と思われる「考え方」のコツ33

第 31 章

借助笔记，将灵感落实

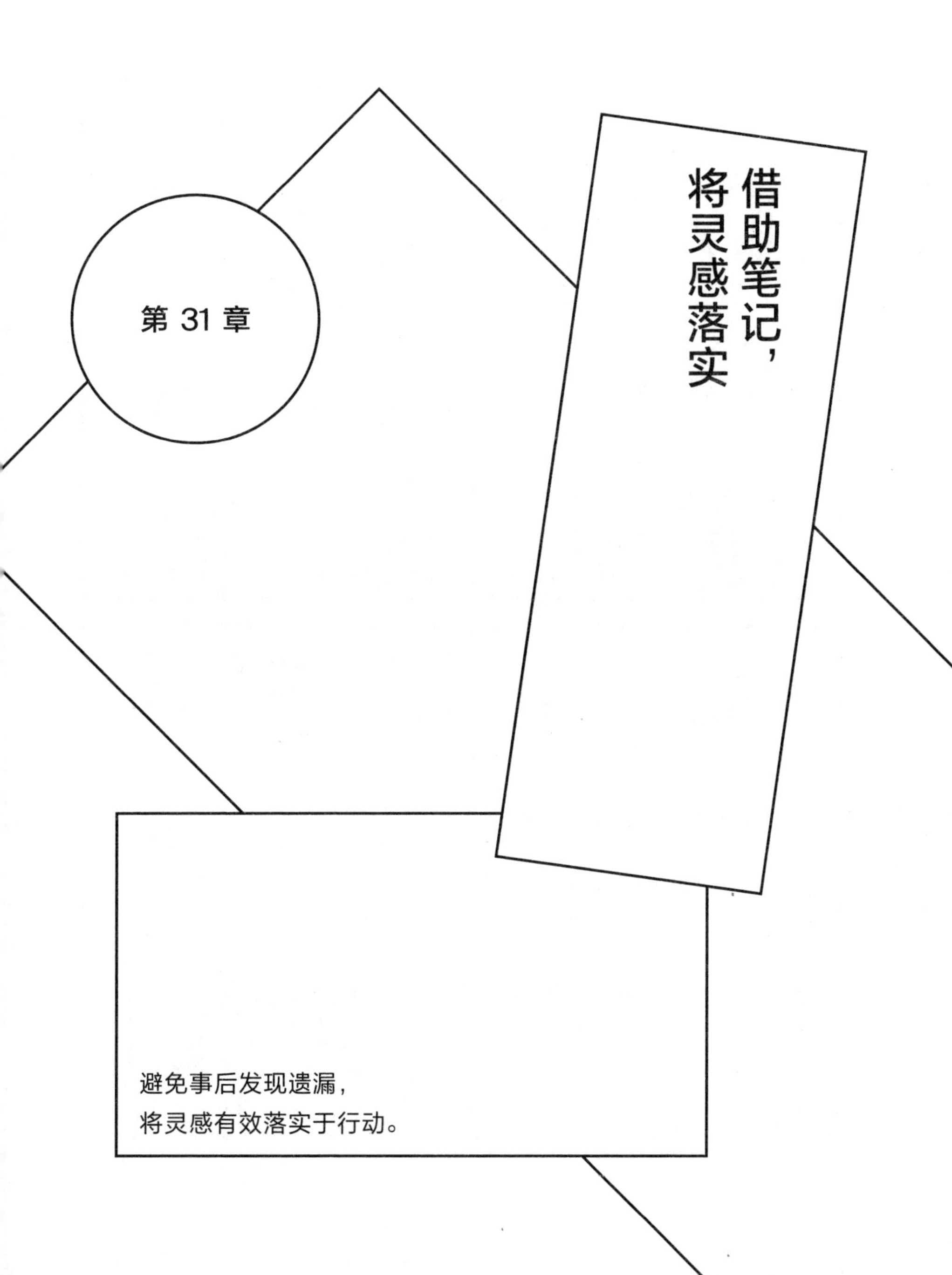

避免事后发现遗漏，
将灵感有效落实于行动。

你平时不做笔记吗？
工作中需要的时候会做笔记，但平时肯定不会。

那你就浪费了很多收集灵感的机会。
是吗？

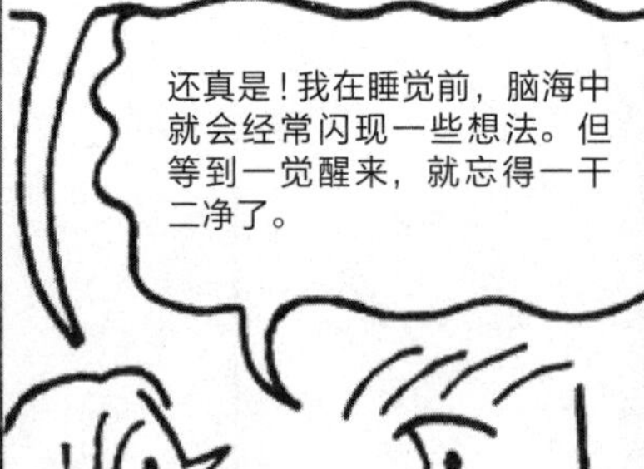
中国古代有一个词语叫“三上”，即马上、枕上和厕上，意思是人们会在无意间突然获得灵感。
还真是！我在睡觉前，脑海中就会经常闪现一些想法。但等到一觉醒来，就忘得一干二净了。

商务灵感也不例外。而且，如果能够将平时的一些感悟随时记录下来，这些笔记就会在以后的工作和生活中发挥出重要的作用！
原来做笔记还有这些好处呀！

第 31 章

借助笔记，将灵感落实

人类是一种会遗忘的生物

一个人的记忆力再好，也无法将所有事情一个不落地记在心中。所以，做笔记就成为一项必要的工作。开篇漫画中提到的“三上”，如果将其套用在现代社会，就可以说成：车上、床上和马桶上。其实，灵感经常会在人们放松的时候闪现出来，所以有的人还会在泡澡的时候想出一些好创意。

那么，我们可以一直记得这些灵感吗？就我的个人经验而言，如果没有将它们及时地记录下来，这些灵感就会马上被忘得一干二净。特别是在不经意间产生的那些灵感，人们会在瞬间将之忘记。

事实上，值得我们记录的不仅仅是那些工作中的重要待办事项或是会议记录。扩大记录范围，培养随时记录日常感悟的习惯，会让我们受益匪浅。本章的重点将放在如何通过笔记提高思维能力，并培养发散思维这一问题上。

记录灵感的同时，还要标注灵感的用途

做笔记的时候，除了写下当时的感悟，我们还要利用发散思维，将与之相关的事物一并标注在旁边，以起到事半功倍的效果。比如，在本书第23章中就提到了一个每年大概能见父母几次的案例。其实，这是我以前涉及这一内容时随手记录下来的。当时，我为其添加了一个注释：视角。有了这一注释，在讲解转换视角的相关技巧时，这一案例才得到有效的运用。所以，如果在记录灵感的同时，能够将当时联想到的其他事物也一并记录下来，说不定在将来它就可以直接被拿来使用。

记录获得灵感的过程，让想象力更上一层楼

在记录灵感的同时，我们也可以写下获得这一灵感的过

程，为下一个创新做好准备。就以“与爱相对的，其实不是恨，而是冷漠”这句话为例，据说这句话就是人们在归纳某些“意外的真理”时记录下来的。

就像这样，将获得灵感的过程记录下来，我们就可以通过翻阅笔记回想起当时思考问题的思路。沿着同样的思路，我们就可以更快地获得其他新发现，如图 31-1 所示。

具体说来，我在写下此类灵感后，会在旁边留出一片空白区域。这样一来，如果以后有了其他需要补充的内容，添加起来就会十分方便。会议记录等与工作相关的笔记通常不留空白，采用这种方式记录灵感，就能让二者的区别一目了然，便于事后反复查阅。

其实，空白区域的利用方式多种多样，有时我们还可以在这个区域绘制一些图表。

此外，做笔记时要记录时间、人物等一些基本信息。查看这些基本信息，有利于我们回想起当时的具体过程。

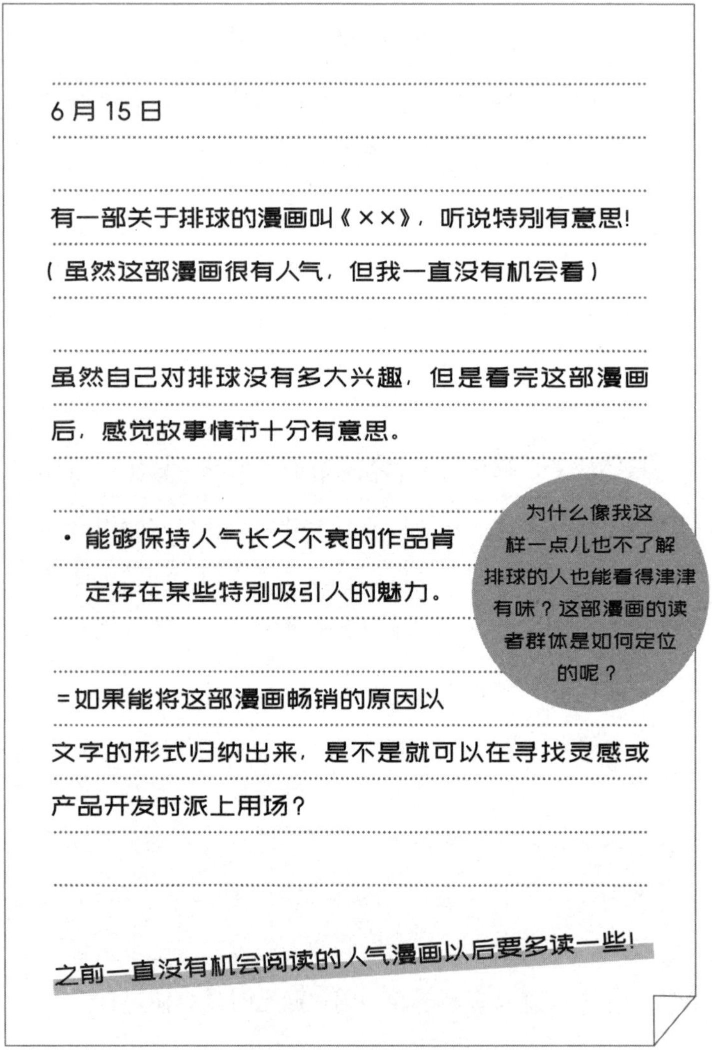

6月15日

有一部关于排球的漫画叫《××》，听说特别有意思！

（虽然这部漫画很有人气，但我一直没有机会看）

虽然自己对排球没有多大兴趣，但是看完这部漫画后，感觉故事情节十分有意思。

・能够保持人气长久不衰的作品肯定存在某些特别吸引人的魅力。

为什么像我这样一点儿也不了解排球的人也能看得津津有味？这部漫画的读者群体是如何定位的呢？

＝如果能将这部漫画畅销的原因以文字的形式归纳出来，是不是就可以在寻找灵感或产品开发时派上用场？

之前一直没有机会阅读的人气漫画以后要多读一些！

图 31-1　笔记示例

趁记忆还清晰的时候及时为笔记标色

虽然我没有这个习惯，但有些人在做笔记时习惯用不同颜色区别不同内容。比如，他们会用红色标记马上就能用到的灵感，用蓝色标记将来可以用到的灵感，而需要进行组合使用的灵感则用绿色标记。可以说，想到某个灵感时，我们不必马上决定它的用途。关键在于，趁记忆还清晰的时候，及时对它们进行合理分类。

相关实验结果显示，与黑白的物体相比，彩色的物体更能激发人类的发散思维。所以，我们要避免视觉上平淡无奇的记录方式，应该努力使我们的笔记充满刺激因素。同理，这一技巧也适用于第 5 章提到的思维导图。绘制思维导图时，我们也需要灵活使用不同的色彩。

笔记要尽量做到统一管理

笔记应避免随处摆放，在条件允许的情况下，我们要尽可能地做到统一管理笔记。也许有些人会担心：笔记本太厚了不方便携带，家里没有足够的储藏空间，万一发生了意外就会丢失所有记录，等等。其实，只要我们积极思考对策，这类问题都是可以解决的。

以上提到的都是手写的纸质笔记，如今我们还多了一个选择：电子笔记。有些人会认为，电子笔记“写（或画）”起来没有手写笔记方便，所以一直没有尝试过电子笔记。其实，只要习惯了，电子笔记记录起来也是十分方便的。同时，电子笔记可以进行复制粘贴，也可以直接复制网页地址，这些功能是手写笔记不具备的。总之，选择笔记形式的时候，适合自己的才是最好的。

如今，有些人还会用手机的拍照或录音功能代替手写笔记。这也是IT技术给我们带来的方便之处，这也意味着笔记的形式出现了多元化的发展。

这种多元化发展本身并不是一件坏事。但是，如果我们因此忘记了哪里存放了哪些笔记，好不容易想出来的灵感也会被我们忘在脑后，更不用说进行联想创新了。再有，为这些笔记制作一个备忘录也是一项十分有意义的工作。这是因为备忘录不仅可以对我们起到提醒的作用，制作备忘录的过程也会给我们带来很多新的启发。

- **本章思考工具的最佳使用时机**

  有效利用灵感时

- **让你能够胜人一筹的 3 点诀窍**

  ❶ 做笔记时，不能单纯罗列单词，还要将相关信息补充完整。

  ❷ 让笔记形成有效的视觉刺激。

  ❸ 培养随时翻阅笔记及定期整理的习惯。

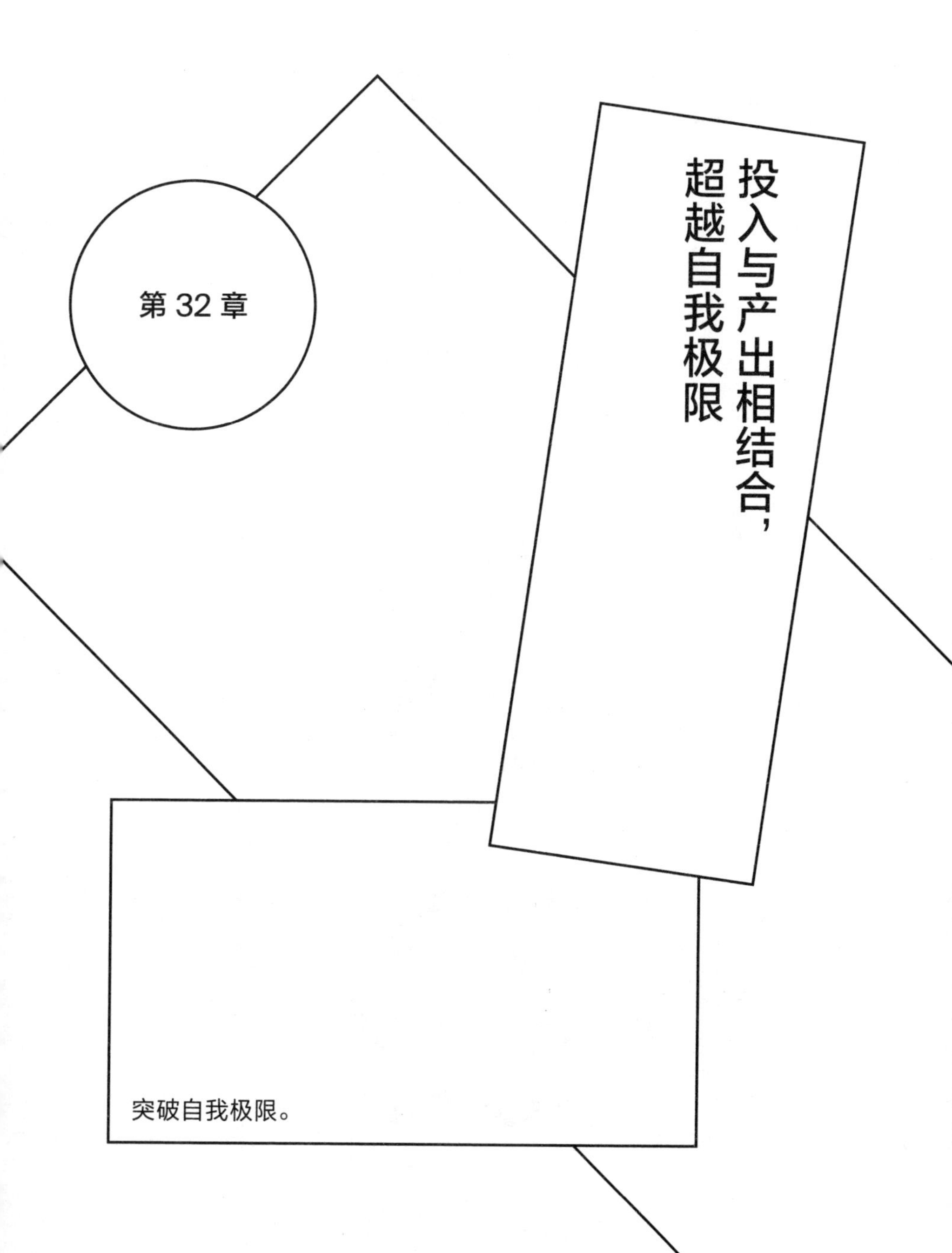

第 32 章

投入与产出相结合，超越自我极限

突破自我极限。

单向自我投资很难让我们做到学以致用

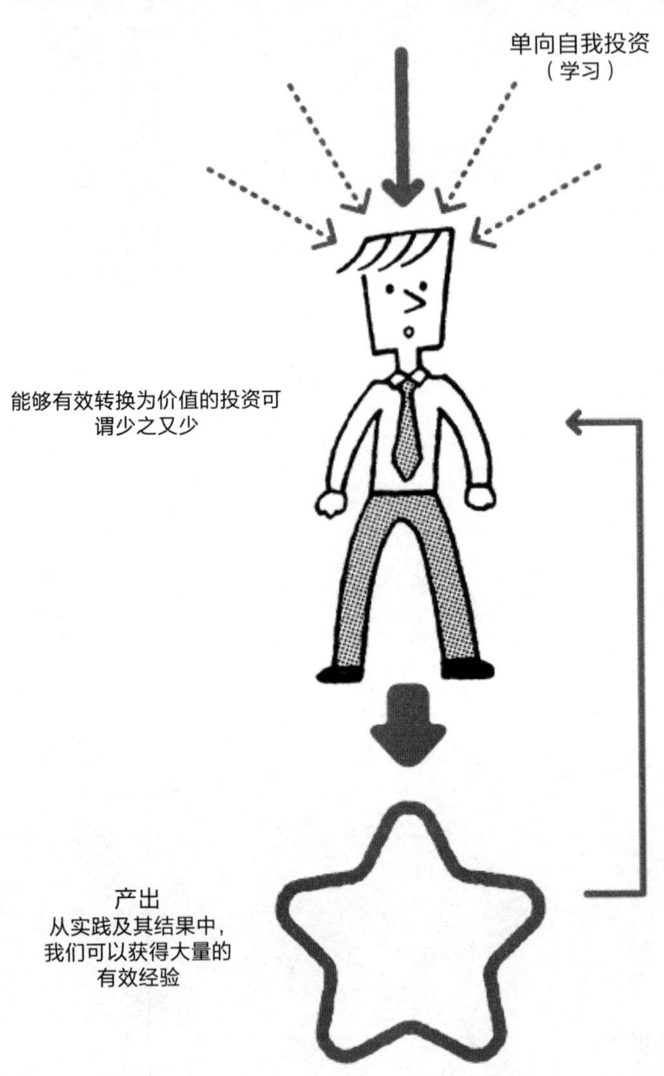

第 32 章

投入与产出相结合，超越自我极限

将知识有效转化为价值

“产出”（out put）一词含有多种意思。在实施某项商务策划时，“产出”的最终目标就是为企业创造效益。策划案设定的期限过长，就会直接影响 PDCA 循环的速度。因此，这一章的主题是：如何在短时间内通过说与写有效调动身边资源或获得其他我们所期盼的结果。

“产出”的反义词为“投入”（in put）。有些人只注重收集信息、学习知识等投入的过程，但实际上，这是一种十分低效的努力。**因为如果不能将学到的知识有效运用到实践中，并使其产出一定价值，这些知识就会被我们遗忘，其质量也会逐渐下降。**可以说，只有将投入与产出进行有效地结合，我们才能及时得到外界反馈，在提高产出质量的同时，进一步完善投入的过程。

相关调查显示，90% 以上的信息或知识都没能很好地被人们转化为有效价值。这也就从另一个方面证实了，很多人并没有找到一种有效的信息收集方法或摄取知识的技巧。如果我们能够将汲取的知识有效转化为价值，就可以大幅提高思考的有效性。

通过价值产出检查思维的合理性

检查思维的合理性是价值产出的一个最直接的作用。这里，我们就以策划书或提案为例，展开具体说明。作为一种思维的产出，策划书或提案要求我们具备高度的逻辑性。比如，策划书中经常会出现以下表达方法："我提议 ××。提出这个提案的理由是 ××。为了实现这一计划，我们必须先 ××"等。

制作一份详尽的策划书，我们需要在发表或提交前对"论据的说服力""计划的充分性和必要性"等问题进行周密地思考。可以说，这个过程也是一个锻炼思维能力的好机会。

即使是一份简单的策划书，为了应对听众或读者的提问，我们也会事先思考“为什么我会这样认为”“具体应该怎样做”等问题。因此，这也会成为一个主动思考论据和具体对策的过程。

在发表提案的时候，对方可能会提出一些我们没有准备的问题。这些问题处理起来确实比较困难。但关键在于，在接受了多次“难题的洗礼”之后，我们就能发现自己的思维定式及欠缺的地方。不可否认，这些问题中也会掺杂一些没有实际意义的内容。但是，对这些问题进行筛选的过程其实也是一个锻炼辨别能力的好机会。

借鉴他人的创意

将自己的想法拿出来与他人进行讨论，既可以从根本上提高思维的逻辑性，又可以借鉴他人的创意。我也经常需要写策划书，当把自己的想法拿出来和别人一起讨论时，确实发现了很多自己没有想到的点子。

要想从他人身上获得更多启示，最简单的方法就是展开广泛讨论。同时，我们还要经常更换讨论对象，以获取多元化的意见。比如，与不同性别、不同年龄、不同国籍、不同职业的人进行交流就是一个有效的方法。

但在有些情况下，时间并不允许我们等想法成熟之后再拿出来讨论。这时，我们就要在有了一个大致轮廓的时候，同别人积极交流，征求对方意见。当然，在征求意见时，如果我们只是提出了一个问题，却没有作出任何假设，也是很难有所收获的。因此，带着假设进行讨论，既可以获得别人的意见，又可以使自己的假设得到验证。

一个巧妙的回答，可以收获更多灵感

与他人交流意见时，交谈能力和能否作出巧妙的回应是决定谈话质量的关键。虽然这两种能力都需要很高的机敏度，但只要注意平时的锻炼，与客户或合作伙伴进行磋商时，这些能力就可以发挥巨大作用。市面上可以找到很多关于提高交谈能力的书，希望大家可以参考。

对谈话内容作出回应时，为了活跃谈话气氛，我们要选择一种能让对方感到舒服的说话方式。比如，如果我们十分严肃地回应说“这肯定不行”，相信对话就很难继续下去，但通过调节声调，这句话有时也不会产生太大影响。

活跃谈话气氛，可以激发对方的思维潜能，让双方收获更多的创意。在活跃谈话气氛时，我们需要在说话方式上多下功夫。比如：“您这个想法是怎么想出来的呀”“如果您能同意这个提案，说不定也就可以实现 ×× 了”等。

在每次谈话时都使用上述技巧可能确实有些困难，但如果我们能够锁定几个善于创新或创新意识强的人，就应该积极和他们交流。与这些人进行交流的过程中，我们的思维能力也会得到提升。

做好产出与投入的有效转化

在制作商务文书或制定具体政策时，价值的产出既可以大幅提高工作效率，又可以让我们顺利地进入下一个投入的过程。如今，通过网络人们可以十分便捷地发布信息。充分利用这一平台，积极将自己的想法发布出去，就可以迅速获得他人的反馈。一些普遍原理也许很难得到人们的及时回应，但经过深思熟虑的观点就会得到大量高质量的回馈。

通过仔细阅读或倾听这些回馈，我们就可以明确下一个努力方向，也可以知道如何产出才能创造出更大的价值。

可以说，我们需要达到的理想状态是：高质量的投入→高质量的产出→高质量的回馈→更有效的投入→更有效的产出→更有效的回馈……

这一良性循环有时会自然形成，但如果条件允许，我们应该从客观的视角，提前为自己设计出这种良性循环。事实证明，积极创造要比顺其自然更容易成功。

此外，通过客观观察，把握现有的自身循环状态也会让我们受益良多。很多人都没能建立起这一良性循环，其中的各个环节可谓支离破碎。因此，我们首先需要做的是发现这一问题，然后针对具体情况思考对策，从而提高这一良性循环的运转速度。

- **本章思考工具的最佳使用时机**

  巧妙借用他人力量时

- **让你能够胜人一筹的 3 点诀窍**

  ❶ 首先要进行独立思考。

  ❷ 培养获取他人灵感的机敏度。

  ❸ 从客观角度为自己设计良性循环。

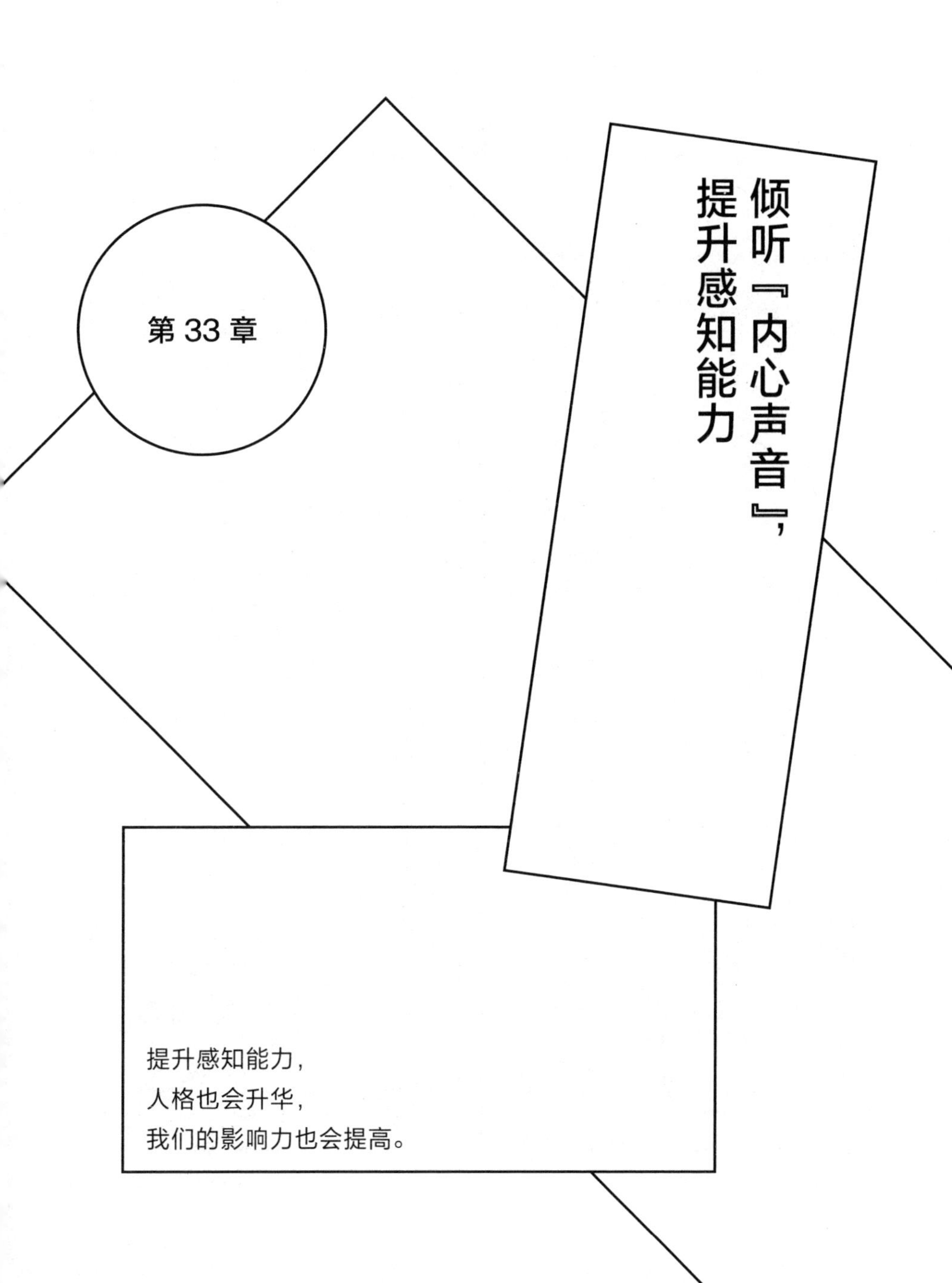

第 33 章

倾听『内心声音』，提升感知能力

提升感知能力，

人格也会升华，

我们的影响力也会提高。

嗯……到底该怎么办才好呢？
怎么了？

我现在正和一个非洲的企业进行谈判，对方要求收回扣。
你拒绝不就行了吗？

收回扣在那个国家虽然谈不上商业习惯，但也算比较普遍的现象了。可我很犹豫，真的要为了这笔生意牺牲这么多吗……
我觉得这个时候应该按照自己的真实想法进行选择。

真实想法？
对！要是违背了自己的内心感觉，是不会有好结果的！

第 33 章

倾听“内心声音”，提升感知能力

感受是思考的前提

以上 32 个工具都是围绕“思考”本身展开论述的，但是，人在作出某一决策时，并非只凭借思考就能完成这一过程。相反，影响人们作决定的因素往往是人们的情感或感觉。比如，“这样做我会很舒服”“从内心就感到厌恶”“生理上不能接受”等。人类的这些情感或感觉也可以称为“内心的声音”。

一些专家认为，大多数人在进行决策时，首先会通过感觉进行判断，然后才会为之添加合理解释。当然，我们并不提倡一味地感情用事。**但是，如果遇到很难在感性和理性之间作出选择的情况，我们完全可以适当地将重心从理性转移**

到自己的感觉上，通过客观审视自己的感觉作出最终判断。

了解自己的价值观

情感是很难琢磨的东西。有时，身体状况或天气等一些细微的变化都有可能影响到我们的心情。举个极端的例子：亲人或朋友刚刚去世时，人们很难一如既往地进行娱乐活动。

为了避免被一时的冲动或情感的波动所影响，我们首先应该对自己的价值观作好定位。坚持自己的价值观，可以避免事后后悔，同时可以提升自我认同感，让我们时刻信心十足。

下面介绍两个了解自己价值观的方法。在情绪稳定的时候使用这两种方法，可以让我们更好地知道自己的内心想法。

第一种方法是向自己提问。下面是几个比较有代表性的问题：

- 我在什么时候感到过幸福？
- 我在什么时候感到过厌恶、愤怒或不舒服？
- 如果让我选择 5 个自己最重视的事物，我会选择什么？
- 做什么事的时候会让我充满幸福感或感到不幸？

向自己提出这些问题，并将答案写在纸上或输入电脑，我们的各种价值观就会逐渐地浮现出来。在此基础上，我们还可以将这些价值观按照自己的重视程度进行排序。遇到一些难以取舍的问题时，我们就可以通过这个排序迅速作出选择。

第二种方法是询问自己：我想要的究竟是什么？然后，从这一设问出发，分析一下哪些价值观有助于我们实现这一理想。

如果某个人选择了自己创业，那么他的价值观中可能会包含以下内容：崇尚创新，不走平常路，梦想成为企业领导，向往自由的同时又希望在社会上留下一些功绩，等等。但是，如果一个并不具备这些价值观的人，只是为了让自己显得体面而选择了创业的道路，那他的成功概率不会很高。

培养发现“异常”的感知力

调动自己的所有感官，充分感受每时每刻产生的情感，也有助于我们进行自我解读。相信很多人听说过罗伯特·西奥迪尼，他撰写的《影响力》一书曾一度受到社会的高度关注。作者在这部著作中就曾提道：“感到肠胃不适时，我们要高度重视。”[①]

感官的作用多种多样。比如，在互惠原理发挥作用时，感官就可以助我们一臂之力。互惠原理是指，由于人们不愿对对方有所亏欠，当得到他人帮助后，就会产生一种知恩必报的心理。

但是，互惠原理却存在着一个“陷阱”：虽然得到的是一些小恩小惠，有时这些帮助甚至是一种假象，但人们会产生“滴水之恩当涌泉相报”的心理。推销员等业务人员其实就是利用了这一原理，巧妙地达到了维系客户的目的。比

---

① 想更好地了解感官对于情感的作用，请阅读《影响力》。这本书的中文简体字版已由湛庐引进，北京联合出版有限公司于 2021 年出版。——编者注

如，有些推销员会说：“通过我的再三恳求，公司终于同意给您个折扣价了！”这样就会造成一种假象，让顾客觉得这个推销员为自己提供了帮助。

通常，人们遇到这种情况时，并不会加以理性的思考。相反，在上述心理的影响下，人们往往会做出一些违背内心的行为。但事实上，人们也会隐约感到一些不舒服。这种不舒服的感觉通常不会通过大脑，而会通过胃部的不适表现出来。罗伯特·西奥迪尼就是抓住了这一特点，提醒人们要培养感知“异常”的能力。他指出，只有具备了敏锐的感知力，我们才可以作出正确的判断，避免事后后悔。

为了更好地发挥身体及各个感官的感知能力，我们需要拥有一个健康的体魄。可以说，有规律的生活方式可以让我们迅速发现这些“内心的声音”。相关研究表明，冥想、瑜伽等健身方式都可以给身心带来很大益处。

通过日常积累增加生活底蕴

一个人的价值观等人格的核心部分可能不会发生很大变

化，但是随着年龄的增长，我们对事物的承受能力、精力或是人格的成熟程度则会发生一定的变化。可以说，这是一个不可逆转的事情。但是，如果我们任由其自由发展，就会对个人的提升产生不良影响。因此，我们应该从平时做起，引导这一变化向好的方向发展，并提高其发展的速度。

具体来说，我们可以培养下列生活习惯：

- 增加接触美好事物的机会，如绘画、音乐等。
- 增加接触“真迹”的机会，与真人多交流也可以。
- 多接触不平凡的真人真事，对于商务人士来说，这些真人真事最好是与商务有关的。
- 多读古典著作，如哲学、随笔等，以史为镜，进行自我反思。
- 每天进行自我反省，不要让忙碌的生活吞噬了我们的大脑，要尽量为自己留出认真审视自我的时间。

通过这种日常积累，我们的感知能力就可以得到有效提升，人格也会得到升华。拥有了这种生活底蕴，别人对我们的评价也会随之升高。我们的一言一行，都会让对方感到极高的逻辑性和十足的人情味，句句话都贯穿了同一个中心思想，提出的论点也具有极强的合理性。

不过，紧张的生活节奏往往不允许我们进行这些日常积累。事实上，上班族很难抽出时间静下心来阅读一本古典名著。本来，读书的习惯应从小培养，但此时已经无法逆转。

如果我们不作出努力，是无法得到自我提升的。正所谓时间不是挤出来的，而是创造出来的。我们需要提高工作效率，为自己创造出更多的时间。**与此同时，我们应该时刻意识到，只有学会将创造出的时间有效用于自我投资的人，才可以永远立于不败之地。**

聪明人都在用的思考工具
グロービス流「あの人、頭がいい！」
と思われる「考え方」のコツ33

- **本章思考工具的最佳使用时机**

  面对某一艰难抉择，作出不让自己后悔的选择时

- **让你能够胜人一筹的 3 点诀窍**

  ❶ 解读自我。

  ❷ 调动所有感官，敏锐捕捉内心的各种感受。

  ❸ 日常积累，增加底蕴。

后记

有效武装大脑，让你越来越聪明

学习了这33个聪明人都在用的思考工具，不知大家有何感想。也许有些人找到了可以立即使用的工具，但相信也有不少读者阅读起来会感到有些吃力。

就我个人而言，在进行思考时，我既有自己擅长的领域，也有不擅长的。随着年龄的增长，我对于某些事物的看法变得成熟了许多，但确实仍存在自己不懂得变通的地方。可以说，这正是思考的深奥之处，也是其趣味性的一种表现。但可以肯定的是，对于一些固有的思维模式，如果不从平时养成客观反思的习惯，我们的思维能力就会不断减退，思维方式也会逐渐僵化。

现如今，日本已经进入“人生 100 年时代”，这也是一个需要与人工智能共存的时代。在这样一个环境下，如果我们停下了提升思维能力的步伐，在职场中就很难创造出更多价值。

本书前言中也曾提到，将书中的所有工具都掌握得十分熟练确实不是一件轻而易举的事情，也没有这个必要。对于大多数读者来讲，只要能够对这些工具形成一定的了解，本书的价值就得到了体现。

希望大家能够对这些工具形成一个深刻印象，然后从简单的工具入手，不断进行实践。同时，希望大家在读完本书之后，能够结合自己的实际情况，找到自身的不足或需要加强的地方，对思维能力进行一次整体提升。

顾彼思是一个注重思考的组织。特别需要指出的是，其提出的创造性思维理论在社会上获得了高度的评价。人们将这种创造性思维称作“健全的批判式思维”。

衷心希望本书可以为更多读者提供一个自我提升的契

机，也希望广大读者可以利用书中的工具，使自己成为一个善于思考的人，在这个充满竞争的时代，让自己的思想先人一步，实力胜人一筹。

未来，属于终身学习者

我这辈子遇到的聪明人（来自各行各业的聪明人）没有不每天阅读的——没有，一个都没有。巴菲特读书之多，我读书之多，可能会让你感到吃惊。孩子们都笑话我。他们觉得我是一本长了两条腿的书。

———查理·芒格

互联网改变了信息连接的方式；指数型技术在迅速颠覆着现有的商业世界；人工智能已经开始抢占人类的工作岗位……

未来，到底需要什么样的人才？

改变命运唯一的策略是你要变成终身学习者。未来世界将不再需要单一的技能型人才，而是需要具备完善的知识结构、极强逻辑思考力和高感知力的复合型人才。优秀的人往往通过阅读建立足够强大的抽象思维能力，获得异于众人的思考和整合能力。未来，将属于终身学习者！而阅读必定和终身学习形影不离。

很多人读书，追求的是干货，寻求的是立刻行之有效的解决方案。其实这是一种留在舒适区的阅读方法。在这个充满不确定性的年代，答案不会简单地出现在书里，因为生活根本就没有标准确切的答案，你也不能期望过去的经验能解决未来的问题。

而真正的阅读，应该在书中与智者同行思考，借他们的视角看到世界的多元性，提出比答案更重要的好问题，在不确定的时代中领先起跑。

湛庐阅读 App：与最聪明的人共同进化

有人常常把成本支出的焦点放在书价上，把读完一本书当作阅读的终结。其实不然。

时间是读者付出的最大阅读成本

怎么读是读者面临的最大阅读障碍

“读书破万卷”不仅仅在“万”，更重要的是在“破”！

现在，我们构建了全新的“湛庐阅读”App。它将成为你“破万卷”的新居所。在这里：

- 不用考虑读什么，你可以便捷找到纸书、电子书、有声书和各种声音产品；
- 你可以学会怎么读，你将发现集泛读、通读、精读于一体的阅读解决方案；
- 你会与作者、译者、专家、推荐人和阅读教练相遇，他们是优质思想的发源地；
- 你会与优秀的读者和终身学习者为伍，他们对阅读和学习有着持久的热情和源源不绝的内驱力。

下载湛庐阅读 App，
坚持亲自阅读，
有声书、电子书、阅读服务，
一站获得。

CHEERS

本书阅读资料包

给你便捷、高效、全面的阅读体验

本书参考资料

湛庐独家策划

- 参考文献
  为了环保、节约纸张，部分图书的参考文献以电子版方式提供
- 主题书单
  编辑精心推荐的延伸阅读书单，助你开启主题式阅读
- 图片资料
  提供部分图片的高清彩色原版大图，方便保存和分享

相关阅读服务

终身学习者必备

- 电子书
  便捷、高效，方便检索，易于携带，随时更新
- 有声书
  保护视力，随时随地，有温度、有情感地听本书
- 精读班
  2~4周，最懂这本书的人带你读完、读懂、读透这本好书
- 课　程
  课程权威专家给你开书单，带你快速浏览一个领域的知识概貌
- 讲　书
  30分钟，大咖给你讲本书，让你挑书不费劲

湛庐编辑为你独家呈现
助你更好获得书里和书外的思想和智慧，请扫码查收！

（阅读资料包的内容因书而异，最终以湛庐阅读App页面为准）

图书在版编目（CIP）数据

聪明人都在用的思考工具 / 日本顾彼思商学院著 ；
洪洋译. -- 杭州 ： 浙江教育出版社，2023.1
ISBN 978-7-5722-5185-6

Ⅰ. ①聪… Ⅱ. ①日… ②洪… Ⅲ. ①创造性思维—
研究 Ⅳ. ①B804.4

中国国家版本馆CIP数据核字(2023)第005262号

浙江省版权局
著作权合同登记号
图字:11-2022-291号

上架指导：商业新知

聪明人都在用的思考工具
CONGMINGREN DOU ZAI YONG DE SIKAO GONGJU
[日] 顾彼思商学院　著
洪　洋　译

责任编辑：李　剑
文字编辑：骆　珈
美术编辑：韩　波
责任校对：傅　越
责任印务：陈　沁
封面设计：ablackcover.com
出版发行：浙江教育出版社（杭州市天目山路 40 号　电话：0571-85170300-80928）
印　　刷：天津中印联印务有限公司
开　　本：880mm ×1230mm 1/32
印　　张：11.125　　字　　数：171 千字
版　　次：2023 年 1 月第 1 版　　印　　次：2023 年 1 月第 1 次印刷
书　　号：ISBN 978-7-5722-5185-6　　定　　价：89.90 元

如发现印装质量问题，影响阅读，请致电 010-56676359 联系调换。